流域生态演变
与水资源开发利用调控研究
——以艾丁湖为例

徐志侠　梁珂　褚敏　曹国亮　马思超　著

内 容 提 要

由于水土资源的过度开发利用，位于干旱区的艾丁湖流域生态状况不断恶化，研究生态演变和水资源开发利用之间的作用机理和水资源利用调控方法，对于艾丁湖流域生态保护和水土资源合理开发具有重要意义。本书研究了艾丁湖流域水土资源开发利用、生态演变历史及两者之间的关系；采集了艾丁湖周边天然样本、土壤及地下水水盐数据，并绘制了现状植被分布图；破解了干旱区天然植被状况与地下水、地表水之间的关系，给出分区域生态地下水位；提出了水资源过度开发利用是生态恶化的主要原因及地下水压采的措施，进行了地下水压采示范。

本书可供从事流域生态演变与水资源开发利用等工作的研究人员、技术人员、管理者以及大专院校师生参考。

图书在版编目（CIP）数据

流域生态演变与水资源开发利用调控研究 : 以艾丁湖为例 / 徐志侠等著. -- 北京 : 中国水利水电出版社, 2022.3
ISBN 978-7-5226-0419-0

Ⅰ. ①流… Ⅱ. ①徐… Ⅲ. ①流域－水环境－生态环境－研究②水资源开发－研究③水资源利用－研究 Ⅳ. ①X143②TV213

中国版本图书馆CIP数据核字(2022)第008044号

书　名	流域生态演变与水资源开发利用调控研究 ——以艾丁湖为例 LIUYU SHENGTAI YANBIAN YU SHUIZIYUAN KAIFA LIYONG TIAOKONG YANJIU——YI AIDING HU WEILI
作　者	徐志侠　梁珂　褚敏　曹国亮　马思超　著
出版发行	中国水利水电出版社 （北京市海淀区玉渊潭南路1号D座　100038） 网址：www.waterpub.com.cn E-mail：sales@mwr.gov.cn 电话：(010) 68545888（营销中心）
经　售	北京科水图书销售有限公司 电话：(010) 68545874、63202643 全国各地新华书店和相关出版物销售网点
排　版	中国水利水电出版社微机排版中心
印　刷	北京中献拓方科技发展有限公司
规　格	184mm×260mm　16开本　10印张　243千字
版　次	2022年3月第1版　2022年3月第1次印刷
定　价	**68.00**元

前　言

由于水土资源过度开发利用，我国西北干旱区流域生态状况恶化，研究其生态演变与水资源开发利用之间的作用机理，探讨水资源调控利用方法，对于干旱区流域生态保护和水土资源合理开发具有重要意义。本书选择艾丁湖流域作为西北内陆干旱区的典型代表，采用“基础调查—机理研究—技术研发—示范应用”的科学逻辑进行组织，通过基础条件调查、理论和技术方法体系创新，深入开展绿洲湿地退化机制研究。根据干旱区绿洲生态环境和社会经济情况，运用地理学、生态学、人类学、社会学等学科的方法，统筹干旱区生态系统退化防治和社会经济供水保障目标，提出水位水量双控的水资源调控措施，为政府部门的决策提供科学依据。

本书共10章，分别为艾丁湖流域概况、艾丁湖流域生态演变历史、艾丁湖流域绿洲湿地时空变化、艾丁湖流域绿洲湿地退化与地下水开发利用关系、艾丁湖流域地下水开发利用与生态功能保护水位水量双控指标体系、示范区基本情况、示范区实施和运行、示范区生态地下水位预警、示范区推广潜力分析、结论。

本书得到国家重点研发计划“我国西部特殊地貌区地下水开发利用与生态功能保护”项目“艾丁湖流域地下水合理开发及生态功能保护研究与示范”课题（2017YFC0406102）的资助。

本书在编写过程中得到了地方政府和相关专家学者的帮助，在此深表感谢！

作者

2021年10月

目　录

第 1 章

艾丁湖流域概况

1.1 地理位置

艾丁湖流域位于新疆维吾尔自治区东部，主要涉及吐鲁番地区。吐鲁番盆地为本书研究区，如图 1-1 所示。研究区范围为经度 88°50′～89°50′、纬度 42°30′～42°55′。

艾丁湖是我国著名的内陆咸水湖，是吐鲁番盆地所有河流的汇集点，最低点高程为 -154.60m，是中国最低、世界第三低点。

图 1-1　吐鲁番盆地主要河流分布

1.2 地形地貌

吐鲁番盆地四面环山，中部低凹，为典型的封闭式盆地。盆地北部和西部是天山山脉，山区海拔为 3800～5000m，最高海拔博格达峰 5445m。东南部低，海拔为 600～

2500m，西南部觉罗塔格山最高海拔为2591m。中部的艾丁湖为吐鲁番盆地最低点，海拔为－154.60m。盆地内由著名的火焰山和盐山沿东西走向将盆地一分为二，形成北盆地和南盆地。盆地由山前区和平原区组成，平原区由戈壁、沙漠和绿洲组成。

1.3 气候条件

艾丁湖生态区地处亚洲腹地，远离海洋，属典型的干旱荒漠性气候，夏季炎热，冬季由于冷空气的下沉作用而干冷。吐鲁番气象站极端最高气温达49.6℃，极端最低气温－25.3℃；多年平均各月气温年内分配极不均匀，多年月平均气温月较差达42℃。

由于气候干燥炎热，艾丁湖生态区降水十分稀少，多年平均年降水量为82.6mm。其中吐鲁番气象站多年平均年降水量只有15.7mm，年际变化较大，最大年降水量为最小年降水量的16倍以上。

干旱性的气候使得吐鲁番盆地的蒸发十分强烈，平原区水面蒸发能力可达1800mm（由20cm蒸发皿观测值换算成E601蒸发器蒸发值）；蒸发的多年年际变化相对稳定，最大年蒸发量与最小年蒸发量倍比为1.5；蒸发的多年平均年内分配极不均匀，多年平均最大月蒸发量与最小月蒸发量倍比高达25；多年平均连续最大四个月蒸发量占多年平均年蒸发量的64%；蒸发随高程增加而递减的趋势较为显著；区域内的降水量大部分耗于蒸发。

艾丁湖生态区光热资源十分丰富，多年平均日照时数为3049.5h；10℃及以上的积温多年平均为5425℃；地区内多大风，甚者造成风灾，著名的三十里风区正位于盆地之内；据吐鲁番气象站记载，多年年最大风速平均值为23.0m/s；多年最大瞬时风速为40m/s，风向NW。

1.4 土壤与植被

在吐鲁番盆地，土壤类型以及相关的土壤质地、结构、有机质和土壤的地带性分布控制了植被生态的发育。据农业部门调查结果，吐鲁番盆地的土壤有6个土类、12个亚类、8个土属、23个土种、37个变种。山区土壤有灰褐色森林土、灰钙土、黑钙土等。平原地区主要是在山前冲积洪积物上发育和形成的棕色荒漠土与局部盐土，其分布规律的一般情况是：冲积扇顶部没有正常土壤的形成，而是一片砾石戈壁；冲积扇中下部为砾质棕漠土。扇缘地带为土质棕漠土，其中部分地区已演变成灌耕土。中下部地形低洼处则为潮土。火焰山以南平原地区上部则有灌淤土，平原中部坎尔井灌区为灌耕土，平原下部则形成了潮土和大面积盐土；而农田边缘沿风沙线一带则形成风沙土。

从全流域来看，高山区由于受气候垂直分带的影响，降水偏多。在海拔超过2500m的山地形成稀疏的小片森林植被景观，树木种类主要为新疆针叶云杉、毛柳、新疆桦等；河谷地带生长有少量林木，主要以河柳、新疆杨、河川柽柳、沙枣等为主。随着海拔的降低，低山区降雨稀少，偶尔产生洪水，植被零星生长，多年生草本植物（短叶假木贼、骆驼刺、膜果麻黄）可见生长；进入山前砾质戈壁区，植被几乎消失，仅在一些能积聚雨洪

水的地段生长一些短命的植物；进入细土平原区，也就进入了干旱区生态核心区的绿洲生态区。

绿洲生态区自然植被主要为耐盐碱、抗干旱的植物组成的多汁盐柴类半灌木、小半灌木荒漠植被。主要植物种类有树叶骆驼刺、盐穗木、盐爪爪、碱蓬、柽柳、盐节木等。花花柴、盐角草、芦苇等盐生草甸植物也有分布。人工植被主要是农业物种（葡萄、玉米、小麦、各类蔬菜、枣、各类瓜）和绿化树种（榆、杨、桑、沙枣）。

1.5 水文地质

吐鲁番盆地河川的位置如图 1-1 所示。有 14 条河流产生于吐鲁番地区北部的博格达山地和西部的天格尔山地。属于博格达山水系的河流有白杨河、大河沿河、塔尔朗河、煤窑沟、黑沟、恰勒坎河、二唐沟、柯柯亚河和坎尔其河等。属于天格尔山水系的河流有柯尔碱河、艾维尔沟、阿拉沟。属于却勒塔格山水系的河流有祖鲁木图沟、乌斯通沟。

吐鲁番盆地山地的年降水量，山腹达 100～500mm，山顶达 800～900mm，山顶周围的终年积雪（冰川）也具有天然储水池的作用。山区冰川和永久积雪融雪与降水径流共同补给河流。

随着夏季气温升高，山区冰雪消融，河道进入汛期。丰水期主要集中在 6—9 月，占全年流量的 60%左右。最大流量在 7 月，最小流量在 2 月。山区河流有比较丰富的水量，夏季的降雨和融雪可引发洪水，同时这一时期的降水占全年流量的 50%～80%。冬季的流量非常小。阿拉沟河流域是该地区最大的集水区，由盆地西侧流入阿拉沟河和由北侧流入白杨河的年平均流量分别为 1.29 亿 m^3 和 1.45 亿 m^3。14 条河流水系全部的年径流量合计可达到 9.171 亿 m^3。

1.6 社会经济

艾丁湖生态区域矿产资源、旅游和文物资源都十分丰富，随着“疆煤东运”“疆电东送”等国家战略的实施，其经济社会发展呈跨越式特征，经济社会高速发展导致用水需求急剧增长。该区域坚持走资源开发可持续、生态环境可持续的道路，加快推进新型工业化、农业现代化、新型城镇化进程，经济社会呈现快速健康的发展势头。

2019 年吐鲁番市生产总值为 384.48 亿元，比 2018 年增长 5.9%。其中地方生产总值 344.50 亿元，比 2018 年增长 7.7%。分产业看：第一产业增加值为 53.97 亿元，增长 5.0%；第二产业增加值为 169.64 亿元，增长 0.2%；第三产业增加值为 160.87 亿元，增长 11.3%。第一、第二、第三产业增加值比重由 2018 年的 13.5∶47.0∶39.5 调整为 14.1∶44.1∶41.8。按户籍人口计算，人均生产总值为 60985 元，比 2018 年增长 6.7%，按当年平均汇率折合 8905.26 美元。年末全市总人口 62.75 万人，其中：城镇人口 22.57 万人，占总人口比重的 36.0%；乡村人口 40.18 万人；男性人口 31.48 万人，女性人口 31.27 万人，男女性别比为 100.7∶100。

1.7 水资源

本节所述艾丁湖流域是指吐鲁番市境内的部分。

1.7.1 水资源数量

艾丁湖流域多年平均水资源总量为11.10亿m^3。其中地表水资源量为9.27亿m^3，地下水资源量为5.44亿m^3，地表水与地下水之间重复计算量为3.61亿m^3；入境水量为3.51亿m^3，本地水量为7.59亿m^3，见表1-1。

表1-1 艾丁湖流域（吐鲁番市境内）多年平均水资源总量 单位：亿m^3

区　县	地表水资源量	地下水资源量	重复计算量	水资源总量
高昌区	3.25	1.82	1.12	3.95
鄯善县	2.43	1.70	1.10	3.03
托克逊县（不含库米什镇）	3.59	1.92	1.39	4.12
合　计	9.27	5.44	3.61	11.10

艾丁湖流域多年平均地表径流量为9.27亿m^3。其中，入境水量为3.51亿m^3，本地水量为5.76亿m^3。

艾丁湖流域地下水资源量为5.44亿m^3。随着艾丁湖流域在河流上修建水库、产业结构调整和灌溉方式的改变，未来艾丁湖流域地下水补给量将呈现逐步减少的趋势。

2019年，艾丁湖流域（吐鲁番市境内）人均水资源量为1752m^3。其中托克逊县人均水资源量最大，为3442m^3；鄯善县人均水资源量最小，为1356m^3，见表1-2。

表1-2 艾丁湖流域（吐鲁番市境内）水资源量

项　目	高昌区	鄯善县	托克逊县	合计/平均
水资源总量/亿m^3	3.95	3.03	4.12	11.10
总人口/万人	29.03	22.34	11.97	63.34
人均水资源量/m^3	1361	1356	3442	1752

注　资料来源《吐鲁番市2019年地下水年报》。

1.7.2 水资源质量

1. 地表水水质

河流水质评价采用2010—2011年水质监测数据，参与评价的有12条河流。评价结果显示，艾丁湖流域（吐鲁番市境内）河流水质良好，水质类别为Ⅱ～Ⅲ类，可以基本满足各类用途的水质要求。

2. 地下水水质

艾丁湖流域（吐鲁番市境内）地下水水质具有明显的分带规律，从山区、山前戈壁砾石带到盆地中部冲洪积平原，水质由良好逐渐变差。吐鲁番北盆地的大部分地区地下水水

质较好，南盆地溶解性总固体和硫酸根离子较高，主要以艾丁湖为中心分布。鄯善县地下水水质问题较多，托克逊县的问题较少。在部分地区已经形成高铁区域。

高昌区北部区域地下水水质相对较好，基本可满足现状的各类用水，南部水质逐渐变差。

1.7.3 水资源开发利用现状

1. 2019 年

据水行政部门统计，2019 年艾丁湖流域供水总量为 12.74 亿 m^3（地表水和地下水供水量总和）。不同水源的供水量具体如下（表 1-3、图 1-2）。

表 1-3 2019 年艾丁湖流域供水量统计表

区 县	供 水 水 源/亿 m^3			
	地表水	地下水	其他水源	小计
高昌区	1.89	2.47	0.02	4.38
鄯善县	1.86	2.22	0.01	4.09
托克逊县	2.64	1.62	0.01	4.27
全市	6.39	6.31	0.04	12.74

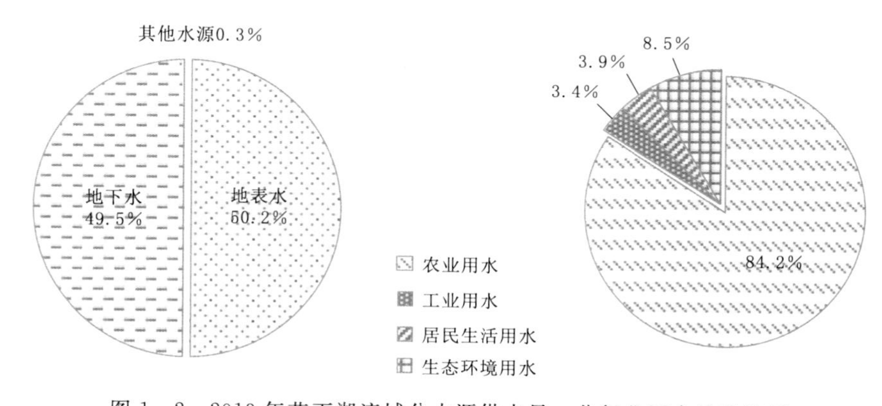

图 1-2 2019 年艾丁湖流域分水源供水量、分行业用水量统计图

地表水供水量：2019 年艾丁湖流域地表水供水量约为 6.39 亿 m^3，占供水总量的 50.2%。其中，高昌区、鄯善县、托克逊县地表水供水量分别为 1.89 亿 m^3、1.86 亿 m^3 和 2.64 亿 m^3，分别占地表水供水总量的 29.6%、29.1%和 41.3%。

地下水供水量：2019 年艾丁湖流域地下水供水量约为 6.31 亿 m^3，占供水总量的 49.5%。其中，高昌区、鄯善县、托克逊县地下水供水量分别为 2.47 亿 m^3、2.22 亿 m^3 和 1.62 亿 m^3，分别占地下水供水总量的 39.1%、35.2%和 25.7%。

其他水源供水量为 0.04 亿 m^3，占全市供水总量的 0.4%。

2019 年吐鲁番市艾丁湖流域用水总量为 12.74 亿 m^3。按用水类型划分，农业用水 10.73 亿 m^3，占总用水量的 84.2%；工业用水 0.43 亿 m^3，占总用水量的 3.4%；居民生活用水 0.5 亿 m^3，占总用水量的 3.9%；生态环境用水 1.08 亿 m^3，占总用水量的8.5%。

2. 2018年

艾丁湖流域2018年供水总量为12.62亿m^3，较2017年供水总量12.91亿m^3减少了2900万m^3。其中，地表水供水量占供水总量的46.0%；地下水供水量占供水总量的53.8%；再生水供水量占供水总量的0.2%。详见图1-3。

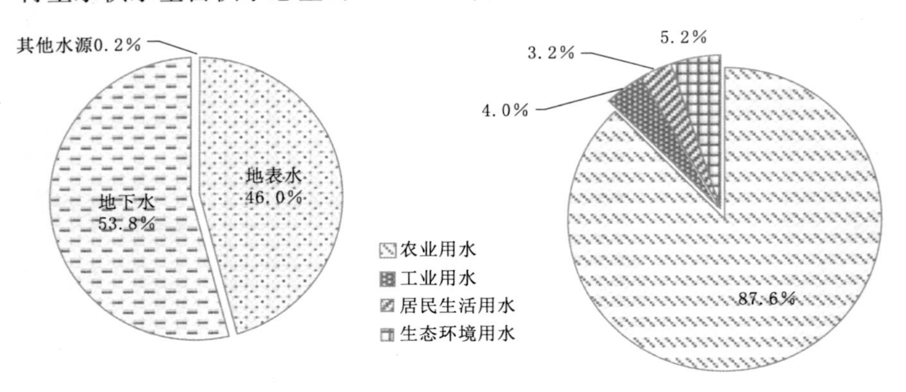

图1-3 艾丁湖流域2018年供水及用水情况分析

艾丁湖流域2018年用水总量为12.62亿m^3。其中，农业用水量占比最大，占用水总量的87.6%；工业用水量、生活用水量和生态环境用水量相差不大，分别占用水总量的4.0%、3.2%、5.2%。详见图1-3。

3. 2017年

2017年艾丁湖流域供水总量为12.91亿m^3。其中不同水源的供水量具体如下。

地表水水源供水量：2017年艾丁湖流域（吐鲁番市境内）地表水供水量约为6.135亿m^3，占全市用水总量的47.5%。其中，高昌区、鄯善县、托克逊县和221团地表水供水量分别为1.819亿m^3、1.492亿m^3、2.492亿m^3和0.332亿m^3，分别占全地区地表水供水总量的29.6%、24.3%、40.6%和5.4%。

地下水水源供水量：2017年度艾丁湖流域（吐鲁番市境内）地下水供水量约为6.775亿m^3，占全市用水总量的52.5%。其中，高昌区、鄯善县、托克逊县和221团地下水供水量分别占全市地下水供水总量的38.5%、37.1%、24.0%和0.4%。详见图1-4。

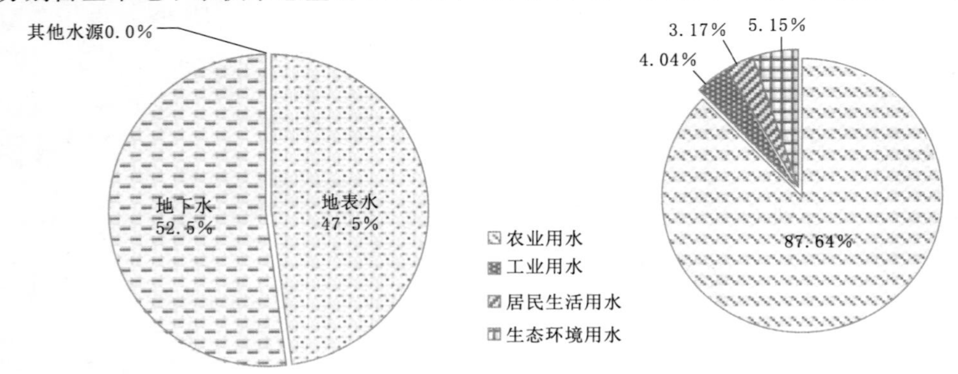

图1-4 艾丁湖流域2017年供水及用水情况分析

1.7.4 2010—2019年艾丁湖流域供用水量变化分析

根据《吐鲁番市水资源公报》，艾丁湖流域2010—2019年供用水量过程见图1-5、图1-6。

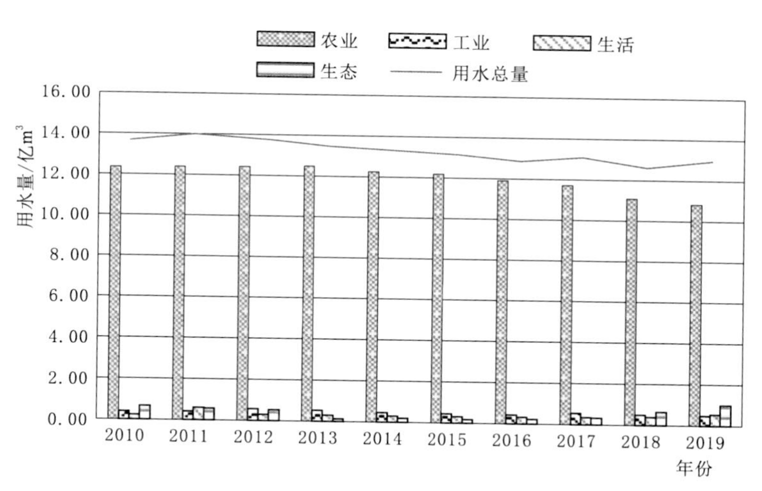

图1-5 艾丁湖流域2010—2019年分行业用水过程

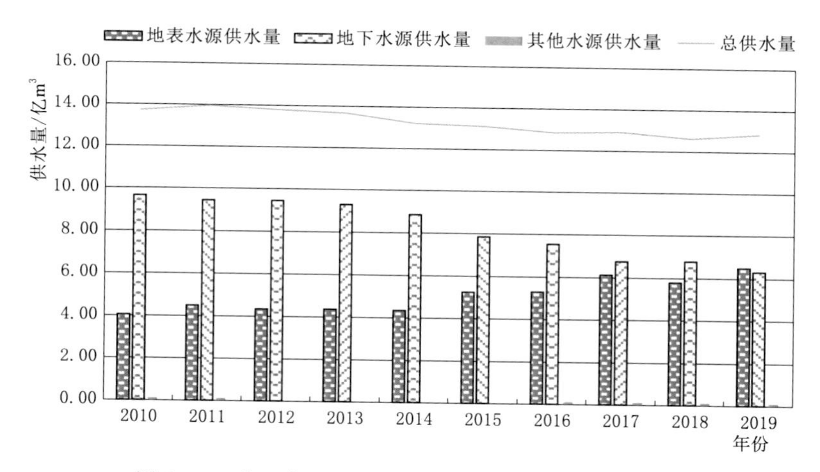

图1-6 艾丁湖流域2010—2019年分水源供水过程

由图1-5、图1-6可看出，艾丁湖流域自2010年以来用水总量呈现逐年下降趋势，2019年艾丁湖流域用水总量较2010年减少0.87亿m^3，较2015年减少0.36亿m^3。究其原因，主要为艾丁湖流域近几年退地、高效节水灌溉等措施的实施，使艾丁湖流域农业灌溉用水量逐年减少，最终导致艾丁湖流域用水总量逐年下降。

从用水结构来看，2010—2019年艾丁湖流域农业用水量呈现逐年下降趋势，2019年艾丁湖流域农业用水量较2010年减少1.58亿m^3，较2015年减少1.41亿m^3，说明节水型社会建设的重点依然在农业节水上，体现了艾丁湖流域为农业节水做出的努力。工业用水量基本保持不变；生活和生态用水量呈现逐年稳步上升趋势，此情况响应了国家环境优先的政策，也有利于艾丁湖生态环境的保护。

从供水结构来看，地下水仍然是艾丁湖流域供水的主要来源，但地下水开采量和地下水供水量占比呈现逐年下降趋势。2019年艾丁湖流域地下水供水量占供水总量的49%，首次低于地表水供水量占比50%。艾丁湖流域地下水供水总量为6.31亿m^3，较2010年减少3.15亿m^3，较2015年减少1.56亿m^3。究其原因：一方面为艾丁湖流域近几年用水总量逐年下降，减少了地下水供水量；另一方面是地表水源工程的实施，替代了地下水源工程，减少了地下水源供水量。

1.8 最严格水资源管理制度及落实情况

1.8.1 用水总量控制实施方案

为加强水资源管理，新疆维吾尔自治区人民政府以《关于吐鲁番市用水总量控制实施方案的批复》（新政函〔2017〕266号）批准同意了《吐鲁番市用水总量控制实施方案》。根据《关于印发吐鲁番市用水总量控制实施方案的函》（新水函〔2018〕6号）要求，吐鲁番市组织编制了《吐鲁番市用水总量控制实施方案》。

根据《吐鲁番市人民政府关于报送吐鲁番市用水总量控制实施方案的函》（吐政函〔2018〕150号），吐鲁番市各区（县）分行业用水量指标、分水源用水量指标、用水效率指标和退减灌溉面积指标见表1-4、表1-5。

表1-4　吐鲁番市分行业、分水源用水量控制方案汇总　单位：万m^3

区县	水源		2016年	2017年	2018年	2019年	2020年	2025年	2030年
高昌区	分水源	地表水源	14804	15610	16416	17223	18028	18231	18433
		地下水源	30334	28327	26321	24409	23435	19104	15792
		其他水源	285	356	427	498	571	740	908
		合计	45423	44293	43164	42130	42034	38075	35133
	分行业	农业	40186	38825	37465	36197	35870	31103	27356
		生活	1614	1668	1721	1775	1828	2089	2350
		工业	2504	2662	2820	2978	3136	3633	4129
		生态	1120	1140	1160	1180	1200	1250	1300
		总计	45424	44295	43166	42130	42034	38075	35135
鄯善县	分水源	地表水源	14198	14750	15302	15854	16405	16528	16650
		地下水源	27405	26157	24910	23737	22995	18601	15544
		其他水源	323	404	485	566	647	832	1018
		合计	41926	41311	40697	40157	40047	35961	33212
	分行业	农业	37011	36021	35030	34114	33617	28669	25056
		生活	1175	1231	1287	1344	1400	1615	1829
		工业	3129	3404	3679	3954	4229	4828	5427
		生态	610	655	700	745	800	850	900
		总计	41925	41311	40696	40157	40046	35962	33212

续表

区县	水源		2016年	2017年	2018年	2019年	2020年	2025年	2030年
托克逊县	分水源	地表水源	22678	23308	23937	24567	25195	25319	25609
		地下水源	18216	17287	16359	15513	14698	10593	7963
		其他水源	413	516	619	722	826	1153	1481
		合计	41307	41111	40915	40802	40719	37065	35053
	分行业	农业	36333	35485	34636	33871	33136	27738	23994
		生活	710	762	815	867	920	1057	1194
		工业	4032	4590	5148	5706	6264	7814	9365
		生态	232	274	316	358	400	455	500
		总计	41307	41111	40915	40802	40720	37064	35053
预留水量		工业	400	500	500	600	700	800	900
吐鲁番市地方	分水源	地表水源	51680	53668	55655	57644	59628	60078	60692
		地下水源	75955	71771	67590	63659	61128	48298	39299
		其他水源	1021	1276	1531	1786	2044	2725	3407
		合计	128656	126715	124776	123089	122800	111101	103398
	分行业	农业	113530	110331	107131	104182	102623	87510	76406
		生活	3499	3661	3823	3986	4148	4761	5373
		工业	9665	10656	11647	12638	13629	16275	18921
		生态	1962	2069	2176	2283	2400	2555	2700
		总计	128656	126717	124777	123089	122800	111101	103400
221团	分水源	地表水源	3378	3376	3374	3372	3370	3338	3307
		地下水源	271	271	272	272	273	287	300
		其他水源	51	53	54	56	57	75	93
		合计	3700	3700	3700	3700	3700	3700	3700
	分行业	农业	2906	2890	2874	2858	2842	2738	2634
		生活	734	739	743	748	752	840	927
		工业	53	57	62	66	71	75	79
		生态	7	14	21	28	35	48	60
		总计	3700	3700	3700	3700	3700	3701	3700
总计	分水源	地表水源	55058	57044	59029	61016	62998	63416	63999
		地下水源	76226	72042	67862	63931	61401	48585	39599
		其他水源	1072	1329	1585	1842	2101	2800	3500
		合计	132356	130415	128476	126789	126500	114801	107098
	分行业	农业	116436	113221	110005	107040	105465	90248	79040
		生活	4233	4400	4566	4734	4900	5601	6300
		工业	9718	10713	11709	12704	13700	16350	19000
		生态	1969	2083	2197	2311	2435	2603	2760
		总计	132356	130417	128477	126789	126500	114802	107100

表1-5　　吐鲁番市用水效率控制指标分配表

分区	项　　目	2016年	2017年	2018年	2019年	2020年	2021—2025年	2025—2030年
高昌区	灌溉水利用系数	0.62	0.63	0.65	0.66	0.67	0.68	0.69
	高效节水面积发展计划/万亩	1.7	2	3.29	3.42	3.42	0.58	0.58
	退减灌溉面积/万亩	1.6	1.5	1.5	1.4	0.4028	6.6	5.2013
鄯善县	灌溉水利用系数	0.63	0.64	0.66	0.67	0.68	0.69	0.69
	高效节水面积发展计划/万亩	1.4	2	3.5	2.97	2.97	2.58	2.58
	退减灌溉面积/万亩	1.4	1.3	1.3	1.2	0.6381	6.0997	4.5
托克逊县	灌溉水利用系数	0.57	0.59	0.6	0.62	0.63	0.65	0.66
	高效节水面积发展计划/万亩	1.1	2	2.5	2.61	2.61	0	0
	退减灌溉面积/万亩	1.1	1	1	0.9	0.8765	5.1	3.5
吐鲁番市地方	灌溉水利用系数	—	—	—	—	0.65	—	0.68
	高效节水面积发展计划/万亩	4.2	6	9.29	9	9	3.16	3.16
	退减灌溉面积/万亩	4.1	3.8	3.8	3.5	1.9174	17.7997	13.2013
	万元工业增加值用水量/(m^3/万元)	—	—	—	—	43	—	31
221团	灌溉水利用系数	0.63	0.64	0.64	0.65	0.65	0.67	0.68
	高效节水面积发展计划/万亩	0.2	0.2	0.2	0.2	0.2	0	0

1.8.2　最严格水资源管理制度落实情况

“十三五”期间，吐鲁番市用水总量落实情况见表1-6，吐鲁番市用水效率落实情况见表1-7。

表1-6　　吐鲁番市用水总量落实情况表　　单位：亿m^3

分区	项　　目	2016年	2017年	2018年
吐鲁番市（地方）	实际用水量	12.85	12.55	12.26
	用水指标	13.24	13.04	12.85
	剩余用水指标	0.38	0.49	0.58
	是否满足最严格水资源管理用水总量指标	满足	满足	满足
221团	实际用水量	—	0.36	0.36
	用水指标	0.37	0.37	0.37
	剩余用水指标	—	0.01	0.01
	是否满足最严格水资源管理用水总量指标	—	满足	满足

注　2016—2018年吐鲁番市用水总量均可满足最严格水资源管理制度中用水总量控制指标的要求。

表 1-7 吐鲁番市用水效率落实情况表

分区	项　目	2016 年	2017 年	2018 年
高昌区	实际灌溉水利用系数	0.62	0.63	0.65
	灌溉水利用系数（最严格水资源管理制度）	0.62	0.63	0.65
	是否满足最严格水资源管理用水总量指标	满足	满足	满足
鄯善县	实际灌溉水利用系数	0.63	0.64	0.66
	灌溉水利用系数（最严格水资源管理制度）	0.63	0.64	0.66
	是否满足最严格水资源管理用水总量指标	满足	满足	满足
托克逊县	实际灌溉水利用系数	0.57	0.59	0.60
	灌溉水利用系数（最严格水资源管理制度）	0.57	0.59	0.60
	是否满足最严格水资源管理用水总量指标	满足	满足	满足
221 团	实际灌溉水利用系数	—	0.63	0.64
	灌溉水利用系数（最严格水资源管理制度）	0.63	0.64	0.64
	是否满足最严格水资源管理用水总量指标	—	满足	满足

注　2016—2018 年吐鲁番市各区县灌溉水利用系数均可满足最严格水资源管理制度中灌溉水利用系数控制指标的要求。

第 2 章

艾丁湖流域生态演变历史

2.1 艾丁湖生态系统组成

2.1.1 盐湖

艾丁湖属于我国西北部富含硝酸盐的盐湖，矿化度为 210g/L，水化学类型以 SO_4 - Cl - Na 型为主。湖中主要产出矿物有石盐、芒硝、无水芒硝，以及石膏、钙芒硝和多种钾、镁盐类。盐湖湖底随着湖面退缩呈现长宽为 30～60cm、厚度为 5～10cm、边缘上翘的龟裂地。

湖面以外的近代湖盆地表由砂黏土和盐壳组成，即干盐湖（干盐滩），异常坚硬，含盐量大于 60%，内部断口呈现白色盐晶。盐壳下 1.0～2.0m 以下为高矿化的卤水层。从矿产资源的角度来看，艾丁湖的盐湖资源以固体盐类资源为主，即储存在干盐湖区。石盐储量约 71 亿 t。芒硝分布在湖区的北岸，圈定面积 $37km^2$，储量约 1141 万 t。

艾丁湖区多项有关盐湖生物的研究表明，艾丁湖中存在一些潜在的生物新分类单元。

2.1.2 河口湿地

艾丁湖河口湿地主要分布在湖泊西部的白杨河入湖河汊，是艾丁湖区大型生物多样性最丰富的地区。

艾丁湖湿地自然保护区内已经查明的一级、二级国家重点保护野生动物以鸟类为主，有白鹳、黑鹳、大天鹅、小天鹅、苍鹰、鸢、红隼、大鸨、波斑鸨等 18 种，有鹅喉羚等兽类 12 种。还有大量其他野生鸟类和兽类动物资源，目前均已绝迹，生态明显恶化。20 世纪 90 年代初，艾丁湖上可以看见三五一群的鹅喉羚，每年春秋两季大量候鸟，如大小天鹅、白鹳、黑鹳、灰鹤等，迁徙过程中在艾丁湖停留、栖息，最多时数量可达上万只，并且还有一定数量的候鸟在艾丁湖越冬；如今，随着艾丁湖水域的减少和湿地的退化，鹅喉羚及候鸟在艾丁湖已经看不到了。

查明的植物资源有梭梭、沙拐枣、柽柳、麻黄、甘草、胡杨以及大量的盐生植物刚毛柽柳、多枝柽柳、盐节木、盐穗木、盐爪爪、盐角草、黑果枸杞、骆驼刺、芦苇等。近年来艾丁湖周边大片芦苇、红柳、盐节木、黑刺和骆驼刺枯死，土地荒芜；盐湖附近芦苇枯死，生长稀疏盐节木，植物由芦苇向盐节木演变。

2.1.3 盐生草甸

艾丁湖盆地周边草场属低地草甸草场类，是吐鲁番盆地平原区分布的草场类型，另外在周围的低山及洪积扇缘有地下潜水出露的地方也有零星分布。

受盆地特殊干燥高温气候影响，蒸发量大，风沙频发，土壤盐渍化程度较高，土壤为盐化草甸土或草甸盐土。草群大都具有适盐、耐盐或抗盐等特性。由于生境条件严酷，组成的植物种类单一，覆盖度较小，产草量不高，草质粗糙，饲用价值较低。常见的主要草类有芦苇（*Phragmites austrlais*）、小獐茅（*Aeluropus pungens*）、狗牙根（*Cynobon dactylon*）、疏叶骆驼刺（*Alhagi sparsifolia*）、甘草（*Glycyrrhiza uralensis*）、苦豆子（*Sophora alopecuroides*）、花花柴（*Karelinia caspia*）；在局部地段还可见到老鼠瓜（*Capparis Sinosa*），常见到的灌木和半灌木有黑果枸杞（*Lyciumruthenicum*）、柽柳（*Tamarix Chinensis Lour.*）、盐穗木（*Halostachys caspica*）、盐节木（*Halocnemum Strobilaceum*）、盐爪爪［*Kalidium foliatum*（*Pall.*）*Moq.*］等。其植物组成及分布受土壤水分和盐分变化而出现了不同的优势种的组合，反映了生长地生境条件的差异。如在土壤为沙壤或壤质的盐化低地草甸土和地下水位不高的地段，则生长以单一芦苇优势种构成的草场类型，而在盆地西部托克逊县境内平原的地下水较高、土壤盐渍化较强的地段，则发育由小獐茅为优势的草被；在地下水位较低、土壤含沙性较强的地段，却见有疏叶骆驼刺、芦苇组成优势种的草场类型，而在土壤盐化程度较强的农区边缘老撂荒地则是由花花柴、疏叶骆驼刺等构成优势种草被；处在艾丁湖边缘地段由于土壤盐化加强，主要是生长以盐穗木、柽柳、盐爪爪和芦苇等构成的草场型，在洪积扇缘有潜水溢出的局部地段，出于土壤较潮湿、土壤盐化程度不很强还零星分布有以狗牙根、苦豆子、苔草等组合成草被优势种的草场型，该大类草场由于优势种组成不同生境各异。

除上述草场类以外还有1个草场亚类、12个草场组、19个草场类型。现将主要草场类型简述如下。

芦苇型：多分布在近农区地下水位较高、土壤含沙性强，且地表盐分较轻的地段。该型草场面积不大，零星分布在近农区范围内，占整个低地草甸草场面积的7.74%。其中在平原东段区鄯善境内，因芦苇长势好，覆盖度较大，用于打草场使用。芦苇型草场，常见到的伴生种有骆驼刺、花花柴，白刺等。草被覆盖度为35%～50%，草层高度50～100cm，亩产鲜草200kg左右，属四等五级草场。

疏叶骆驼刺型：分布在吐鲁番盆地农区外缘，这里地下水位较低、土壤沙性强，是平原低地草甸的一个代表型草场，占大类草场的14.80%。常见的伴生植物有芦苇、甘草、黑刺等。草被覆盖度因不同生境地段差异较大，一般为20%～55%，草层高度15～65cm，亩产鲜草150～320kg，属二等五级草场，年计需9亩草场可放养一只羊。

芦苇+骆驼刺型：该草场其生境特征介于上述两个草场型之间，面积大，是平原低地草甸草场的主要代表型之一，占大类草场面积的21.12%。常见伴生植物有花花柴、甘草、老鼠瓜、黑果枸杞、柽柳等。草被覆盖度20%～40%，草层高度40～80cm，亩产鲜草150～220kg，属四等五级草场。

小獐茅+碱芦苇型：这类草场多分布在西段托克逊县境平原区。此型分布区其生境特点是土壤盐渍化强、地下水位较高，且多含有苏打盐土的壤质土壤地段。碱芦苇植株矮小，叶片坚硬，适口性极差，占大类草场面积的2.40%。常见伴生植物有骆驼刺、甘草、黑刺等。亩产鲜草100～220kg，草被覆盖度55%～70%，草层高度6～15cm，属三等六级草场。

花花柴型：这一草场集中分布在平原农区老撂荒地处。这里地下水温高，土壤表层黏性大，占大类草场面积的10.23%。常见伴生植物有小獐茅、芦苇、骆驼刺、黑果枸杞等。草被覆盖度30%～40%，亩产鲜草96～357kg，属五等五级草场。

盐穗木—芦苇—小獐茅型：集中分布在艾丁湖北缘区。这里土壤盐渍化强、地下水位高。占大类草场面积的9.74%。伴生植物有盐爪爪、柽柳、甘草等。草被高度10～75cm，亩产鲜草70～95kg，属四等七级草场。

盐生草甸的优势植物骆驼刺具有独立的植被分区属性。

(1) 吐鲁番盆地骆驼刺为世界最大种群分布。骆驼刺（*Alhagisparsifolia*）在美国有1.7万亩（单一分布区），在巴西有3.7万亩（单一分布区），而新疆吐鲁番盆地有166万亩，是世界上最大的骆驼刺种群分布，在《中国植被及其地理格局：中华人民共和国植被图（1：100万）说明书》被列为吐鲁番盆地骆驼刺盐生半灌木荒漠小区。

(2) 骆驼刺的生态特性维护了荒漠区绿洲生态安全。骆驼刺植被以其独特的生态学特性，全年都在发挥防风阻沙的作用。5—7月为骆驼刺植物的生长旺季，8月以后骆驼刺生长缓慢以应对高温和干旱，但所进行的木质化过程可对植物体形成有力支撑，使得地上部分在冬季干枯死亡后仍保持直立不倒。翌年春天，新生枝芽于前1年枯死的旧枝根部重新发出，虽然活体植物在4月、5月的覆盖度非常有限，但与枯立的地上部分相结合仍具有强的防风阻沙效果。

(3) 骆驼刺是具有良好开发潜力的重要药材。国内外学者对于骆驼刺中含有的黄酮类物质、多酚类物质、花青素及儿茶酸物质进行了成分和药理分析，发现骆驼刺是一类有着良好开发潜力的药材。

2.2　艾丁湖湖泊蓄水特点

艾丁湖是典型的干旱区盐湖，在地质历史上经过淡水期、咸水期，在距今24900年进入盐湖期。

艾丁湖的湖底平坦，在85km^{2}的范围内，高程相差约2.5m。通过最早的影像资料即MSS影像来看，1972年10月的湖底是干的，艾丁湖具有一定的季节性。从遥感影像与湖底地形来看，在西侧有一相对较深的区域，经常有水，暂时称为主湖区，东侧大约占2/3湖底的部分很平坦，季节性有水，称为副湖区，如图2-1所示。

从图2-2、图2-3可以看出，湖面面积受大风的影响比较明显。在大风季节，主湖区的水被刮到东边副湖区。

图 2-1　艾丁湖 1972 年 10 月影像

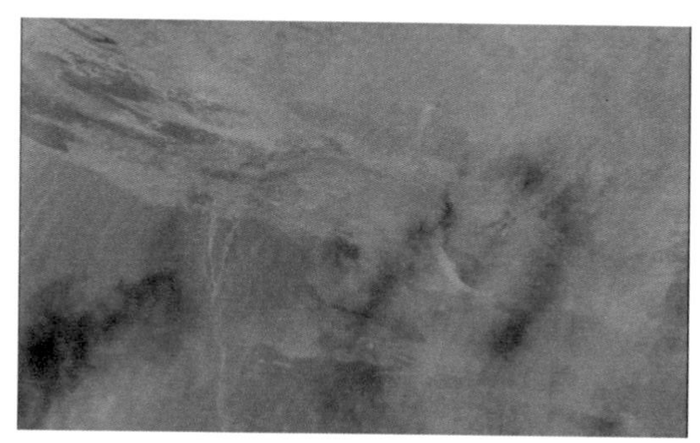

(a) 2004 年 6 月 1 日

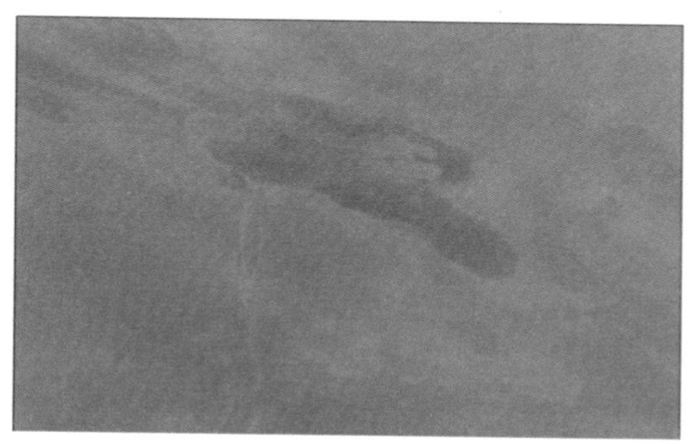

(b) 2004 年 11 月 9 日

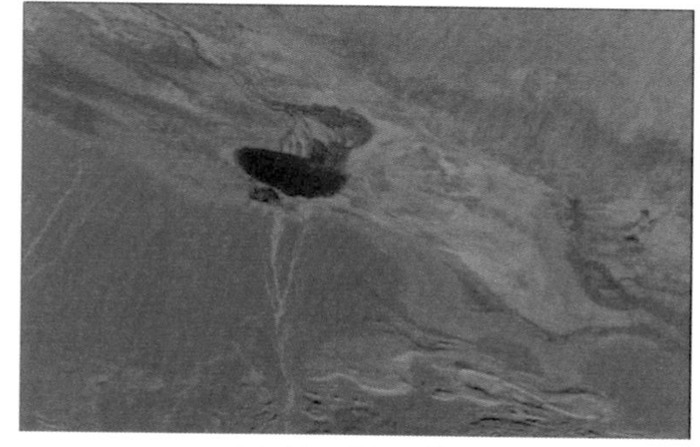

(c) 2004 年 12 月 11 日

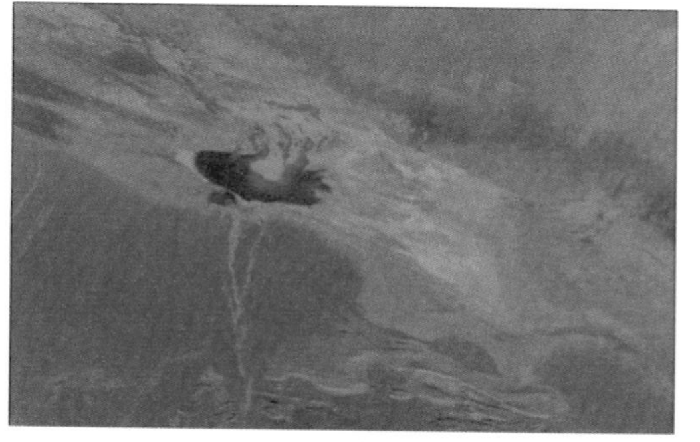

(d) 2005 年 1 月 28 日

图 2-2（一）　艾丁湖 2004—2005 年影像

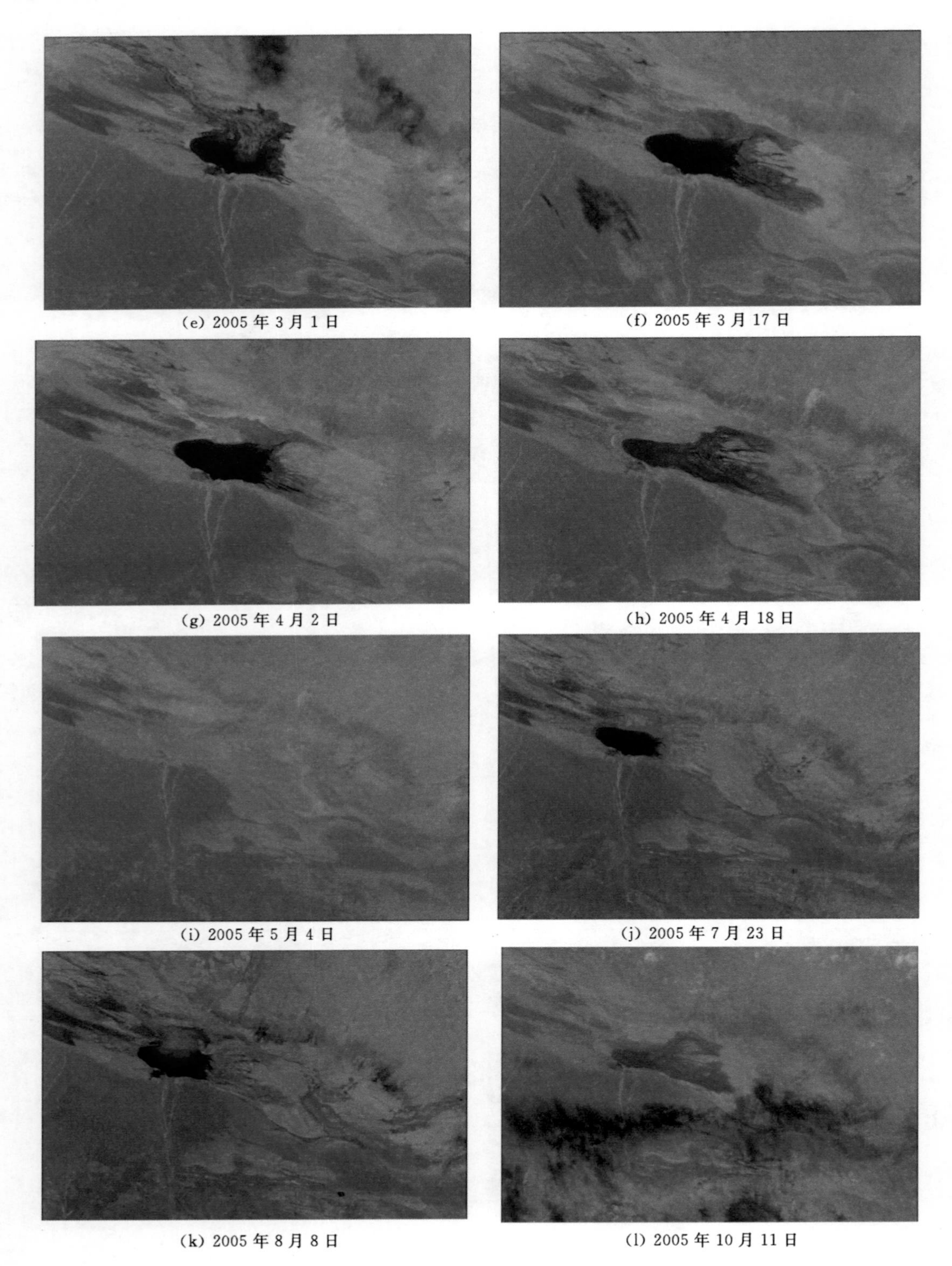

(e) 2005 年 3 月 1 日

(f) 2005 年 3 月 17 日

(g) 2005 年 4 月 2 日

(h) 2005 年 4 月 18 日

(i) 2005 年 5 月 4 日

(j) 2005 年 7 月 23 日

(k) 2005 年 8 月 8 日

(l) 2005 年 10 月 11 日

图 2-2（二）　艾丁湖 2004—2005 年影像

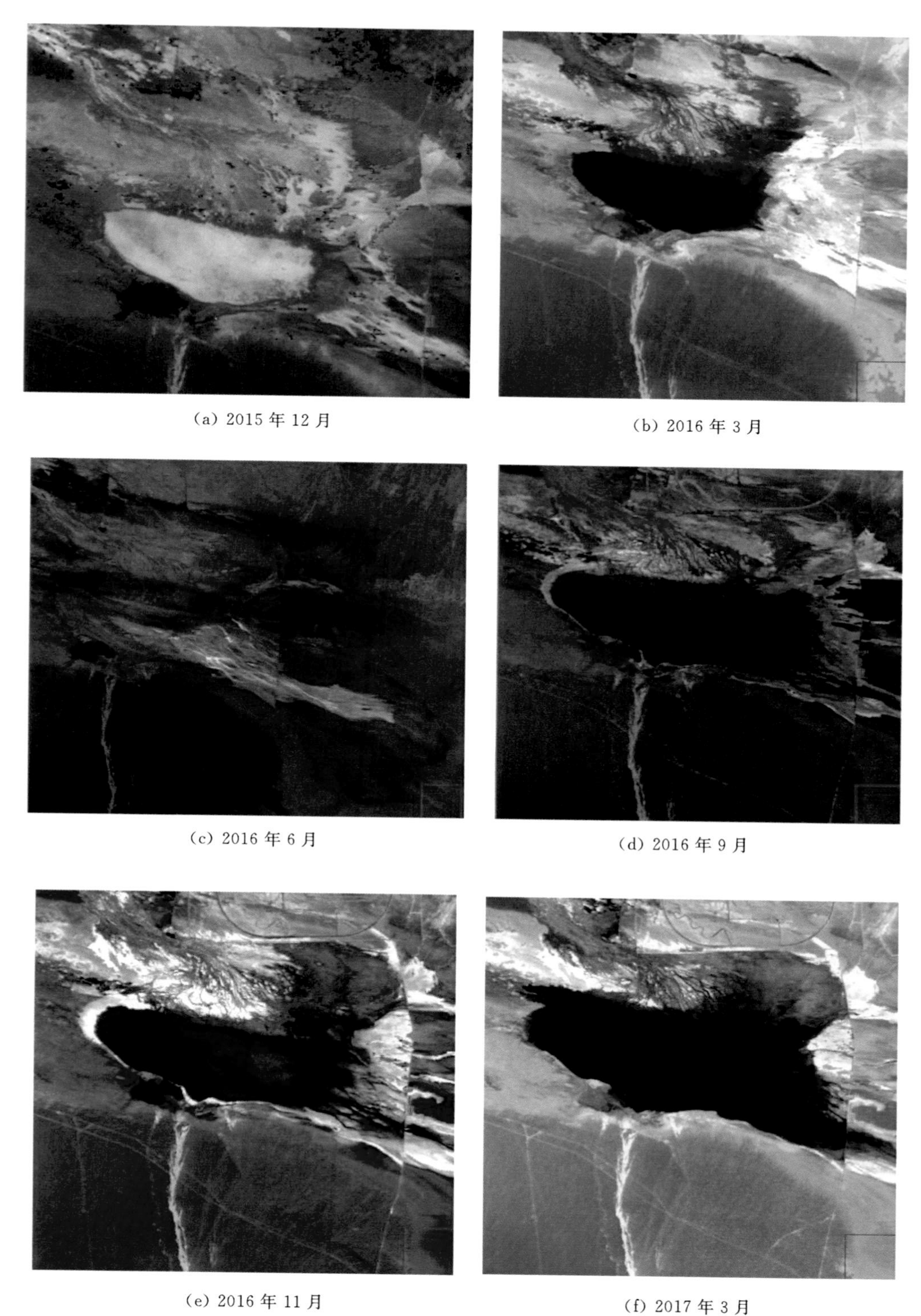

(a) 2015 年 12 月

(b) 2016 年 3 月

(c) 2016 年 6 月

(d) 2016 年 9 月

(e) 2016 年 11 月

(f) 2017 年 3 月

图 2-3（一） 艾丁湖 2015—2019 年影像

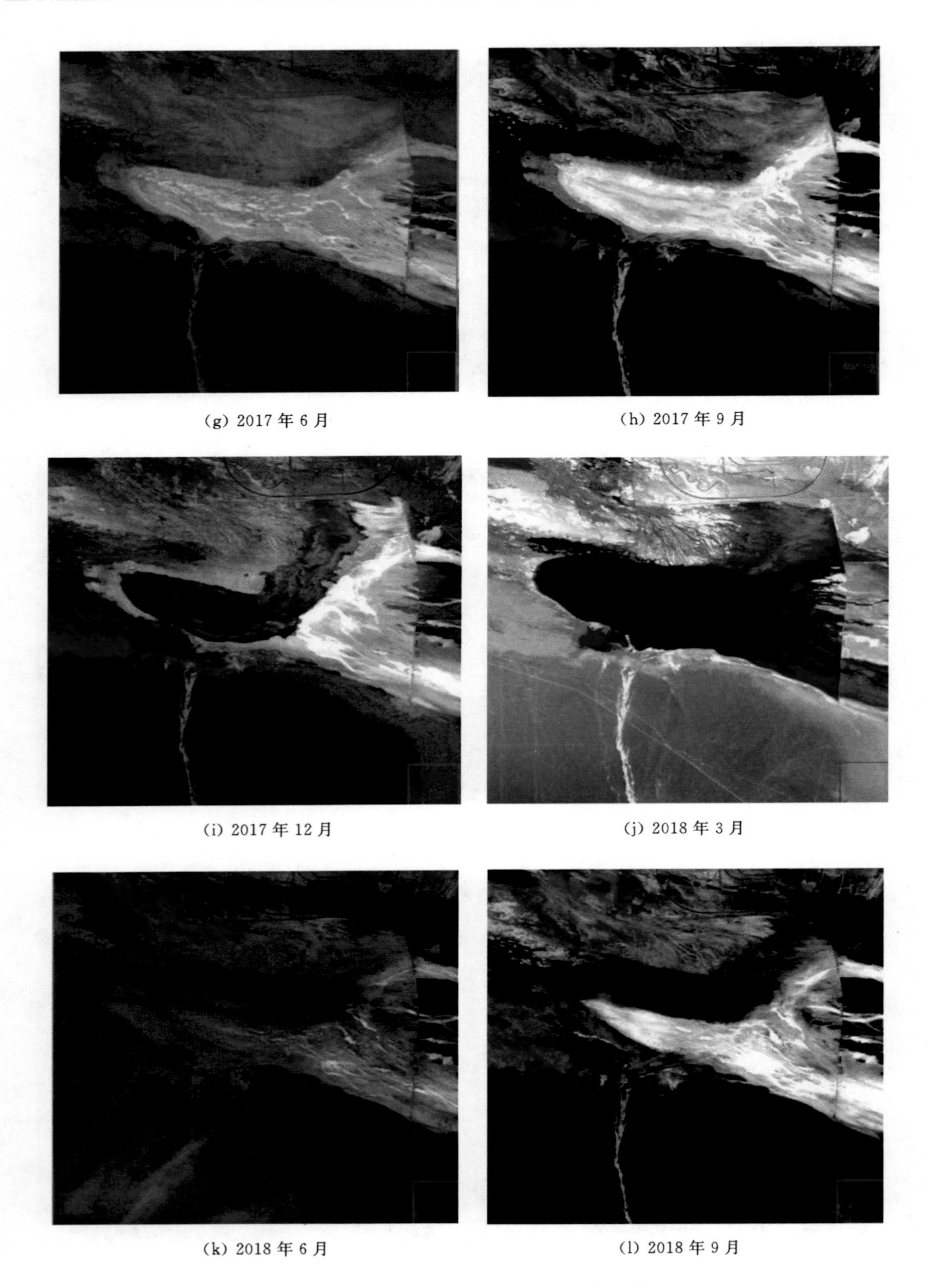

(g) 2017 年 6 月

(h) 2017 年 9 月

(i) 2017 年 12 月

(j) 2018 年 3 月

(k) 2018 年 6 月

(l) 2018 年 9 月

图 2-3（二）　艾丁湖 2015—2019 年影像

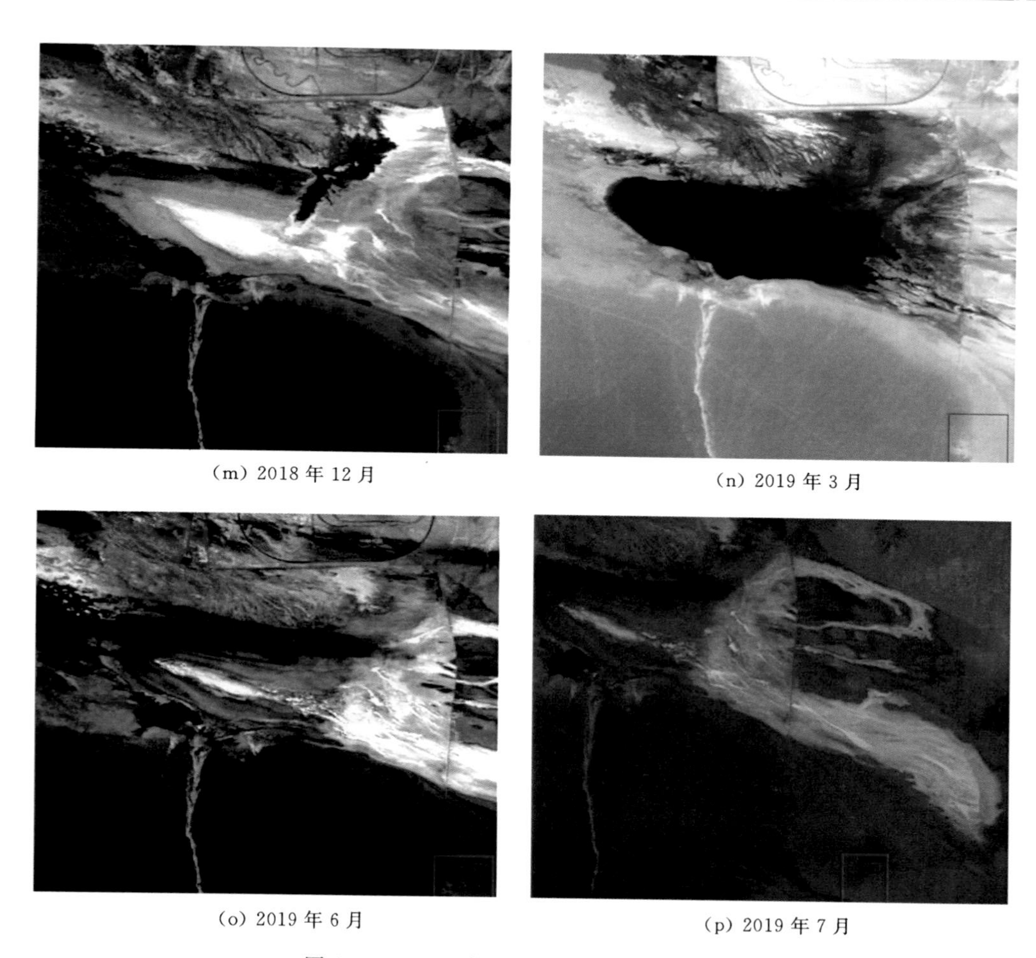

(m) 2018年12月　(n) 2019年3月

(o) 2019年6月　(p) 2019年7月

图2-3（三） 艾丁湖2015—2019年影像

2.3 艾丁湖水文要素演变

2.3.1 降水量

艾丁湖流域多年平均年降水量见图2-4。艾丁湖流域是我国降水最少、最干旱的地方，也是世界上干旱少雨区之一。年平均降水量为16.7mm，且分布不均，季节差异大，持续性降水少，多属于间歇性。山区多于盆地，山北多于山南，由北向南逐渐减少，且愈向南愈少；无降水日数较长。流域下游天然绿洲区的多年平均年降水量在10mm以内。

分析研究区鄯善、吐鲁番和托克逊气象站1981—2018年的年降水量变化情况，从近38年（1981—2018年）降水量变化来看，年际变化幅度较大，多年线性变化呈现缓慢减少趋势。吐鲁番气象站最近10年中有7年降水量少于多年平均值，只有2012年、2015年、2018年的年降水量多于多年平均值；托克逊近10年中有4年降水量偏少；鄯善近10

年中有 6 年降水量偏少。由图 2－4 可知，吐鲁番近 10 年以来降水量呈现基本稳定的趋势。

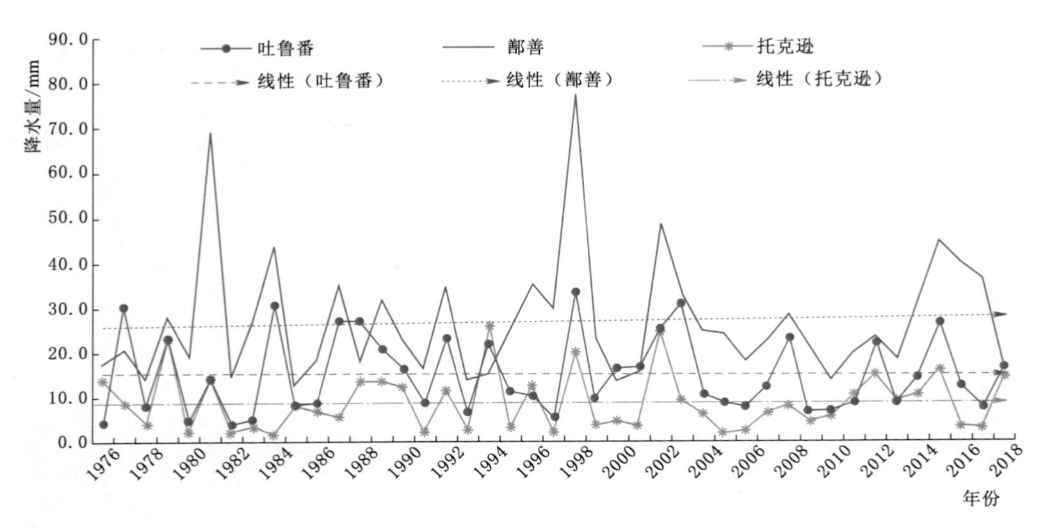

图 2－4　研究区气象站 1976—2018 年降水量变化图

2.3.2　蒸发量

从图 2－5、图 2－6 蒸发量的历年变化及滑动平均曲线看，吐鲁番、鄯善的年蒸发量呈逐渐减少的趋势，托克逊的年蒸发量在 1980—1990 年期间先逐渐减少，至 1990—2000 年期间基本稳定，而 2000 年之后呈明显增加的趋势。2010 年的滑动平均值比 2001 年增多约 500mm。这与逐年减少的降水量呈显著反差，自然气象条件恶化趋势明显。

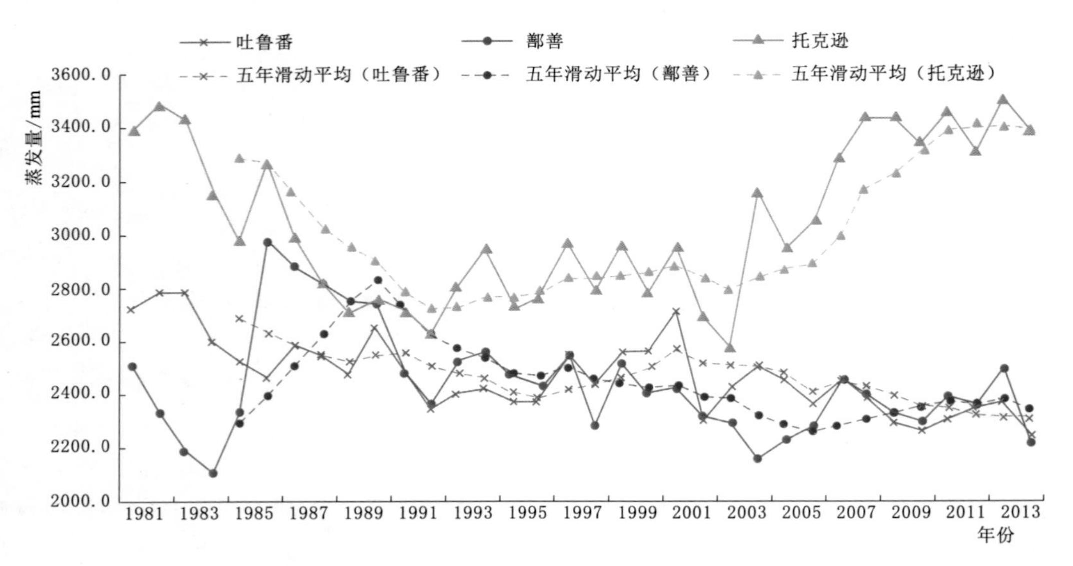

图 2－5　研究区年蒸发量（20cm 口径蒸发皿）五年滑动平均曲线变化图

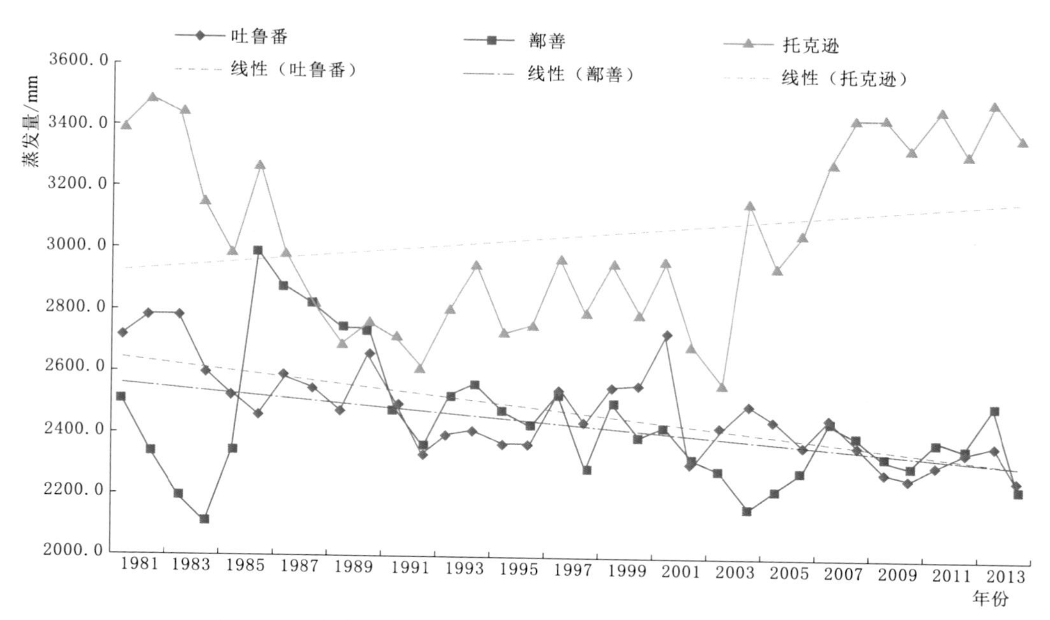

图 2-6 研究区年蒸发量（20cm 口径蒸发皿）变化趋势图

2.3.3 径流量

流域有 6 处水文站，但是由于大部分水文站建站较晚，监测时间短，因此本研究采用煤窑沟、阿拉沟水文站的监测成果分析流域的径流量变化特征，如图 2-7～图 2-9 所示。

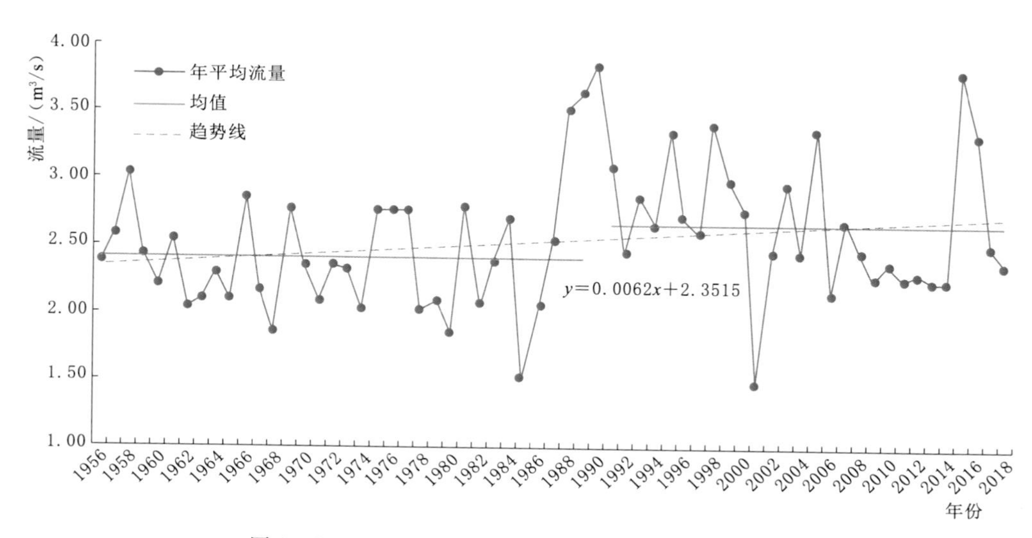

图 2-7 1956—2018 年煤窑沟水文站来水量变化图

从图 2-9 可以看出，1956—2018 年间煤窑沟、阿拉沟水文站及艾丁湖天然年径流量均有增加的趋势；以煤窑沟水文站为例，年径流量分为两个阶段，在此之前（1952—1989

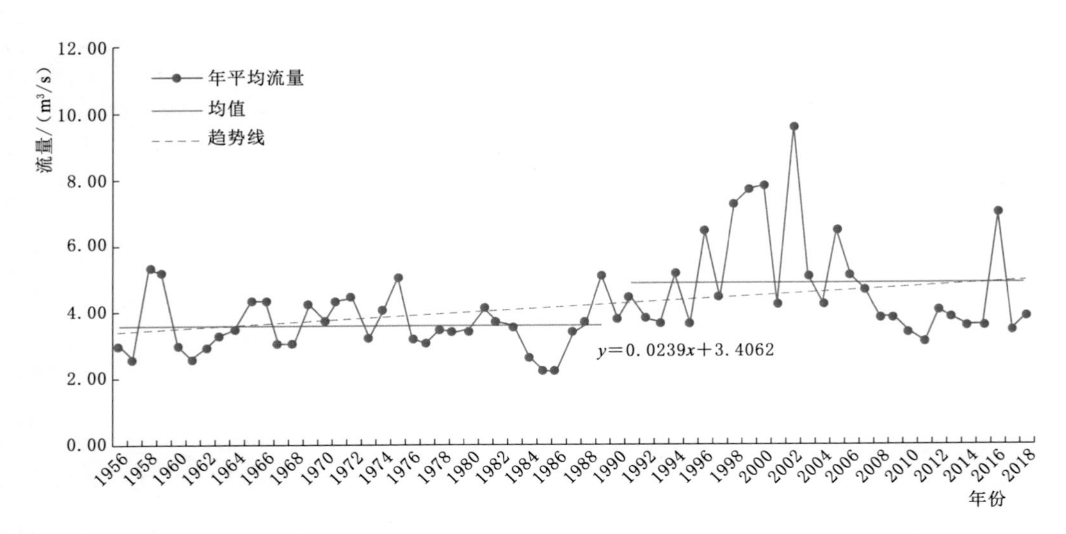

图 2-8 1956—2018 年阿拉沟水文站来水量变化图

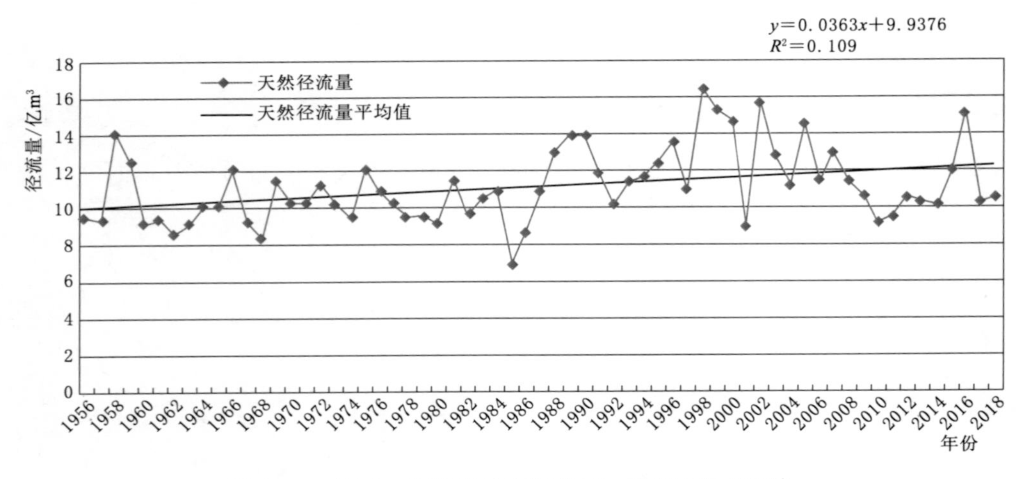

图 2-9 1956—2018 年艾丁湖流域天然径流量过程线

年）年平均流量为 2.42m³/s，此后，年径流量呈现出一定的增加趋势，1991—2018 年间多年平均流量为 2.66m³/s，比前一阶段增加 0.24m³/s。阿拉沟水文站 1952—1989 年间多年平均流量为 3.61m³/s，此后，年径流量呈现出一定的增加趋势，1991—2018 年间多年平均流量为 4.87m³/s，比前一阶段增加 1.26m³/s，这主要是由于近年来艾丁湖流域气温升高（见图 2-10）导致山顶积雪融化雪线上移的原因。

2.3.4 流域水循环及地下水埋深演变

艾丁湖流域共有河流 14 条，均属于季节性河流，且各河流的水循环特性较为相似。白杨河是艾丁湖生态区集水面积最大的河流，但是丰水期进入吐鲁番的水量却比较小，原因是白杨河的集水面积大部分位于吐鲁番盆地之外的乌鲁木齐市辖区，每年的灌溉

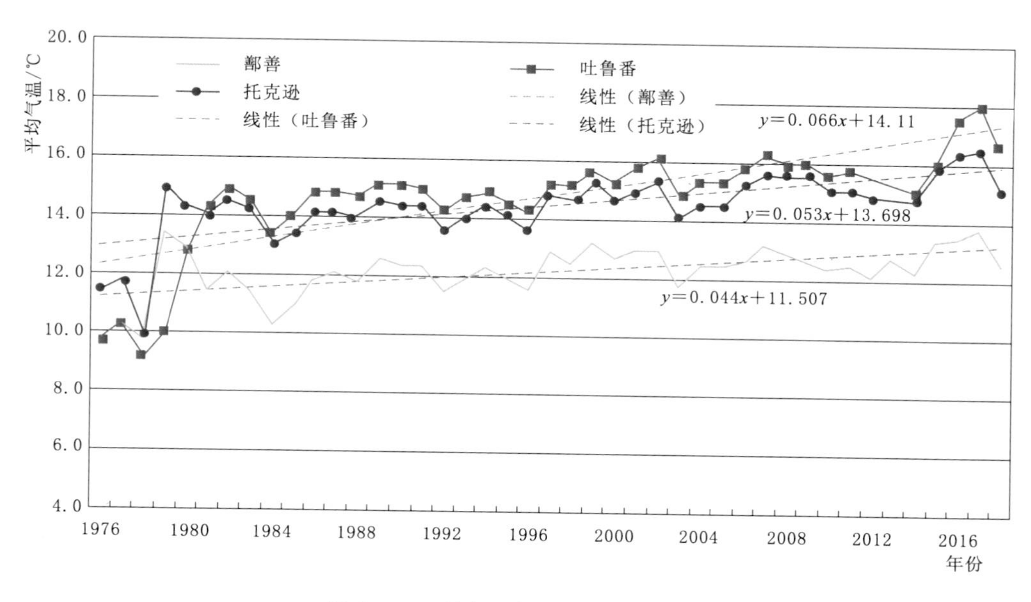

图 2-10　研究区年平均气温变化图

期（3—10 月），位于白杨河流域上游的达坂城等地区，在其河流入吐鲁番盆地之前，从中取水 1 亿 m^3 左右，致使流入吐鲁番盆地的流量变小。

实地调研白杨河，如图 2-11 所示，2014 年 3 月其水循环特征如下：最上游的小草湖渠首，来水量约 $4.8m^3/s$，渠道引走 $4.5m^3/s$，余水 $0.3\sim0.4m^3/s$ 入下游河道；到巴依托海渠首处，有 $2m^3/s$ 流量通过引水渠引走，进入红山水库，用于春灌，余水 $4\sim5m^3/s$ 进入下游河道；到胜利渠首，约有 $2m^3/s$ 由引水渠引走，下游河道没水，流量为 0；再往下到托台渠首，引水渠引走约 $1.5m^3/s$，余水 $0.3m^3/s$ 入下游河道；到宁夏宫渠首，渠道引走约 $0.8m^3/s$，余水 $0.1m^3/s$ 入下游河道；再往下到大地村，河道流量约 $0.2m^3/s$。此时，地下水埋深较浅，约 10m。再向下游，水面变宽，水面面积变大，河道流量约为 $0.3m^3/s$。从以上调查数据可以看出，上游渠首引水后，到下游河道中流量又增加，说明研究区地下水埋深较浅，在地势较低处有泉水出露，补充地表水。出山口以后，洪积扇很宽阔、很平坦，水面面积增大，蒸发量增大。再往下游就是大戈壁滩，水量基本下渗散失，部分季节有一定的水量进入艾丁湖。

平原区是水资源的消耗区与散失区，该区域降水量较少，远远低于植被生长的耗水要求，生态用水取决于上游的来水，生态系统十分脆弱。水分成为植物生境中最为活跃的控制因子，也是植物生存繁衍的制约因子。人工绿洲是人类生存和发展的空间，主要由耕地、人工林、乡村、城镇等耦合在一起。人工绿洲面积虽然很小，但是却承载了几乎全部的人口，是人类社会、经济、生产、文化活动的承载主体。艾丁湖生态区水土资源开发历史悠久，灌溉面积从 20 世纪 80 年代以来迅速增加。对于艾丁湖生态区来说，来水量的多寡和水资源的开发利用方式直接决定着流域的最大承载能力，也决定着盆地的生态环境状况。

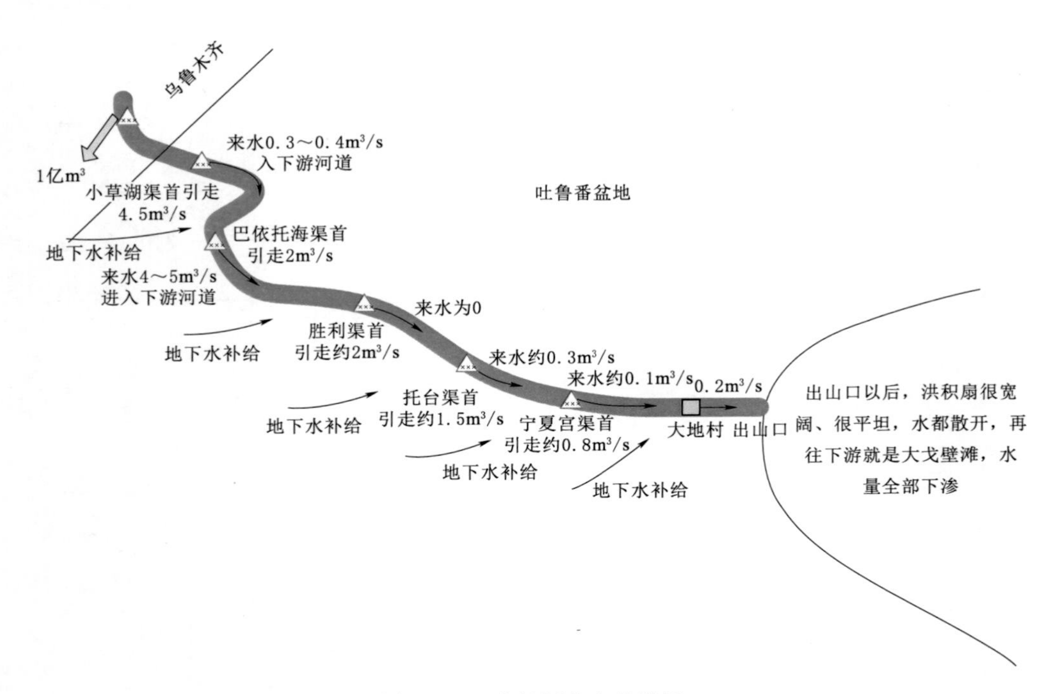

图2-11　白杨河水文特性图

第3章

艾丁湖流域绿洲湿地时空变化

3.1 植被样方及植被类型调查

1. 调查内容

根据吐鲁番盆地2017年地下水埋深分布成果，见图3-1，沿地下水埋深等值线的垂线方向布置样带，每条样带中布设若干15m×15m的样方，统计典型植物在不同地下水埋深范围内的植被种类、植被数量、植被盖度、植株高度、长势情况等。

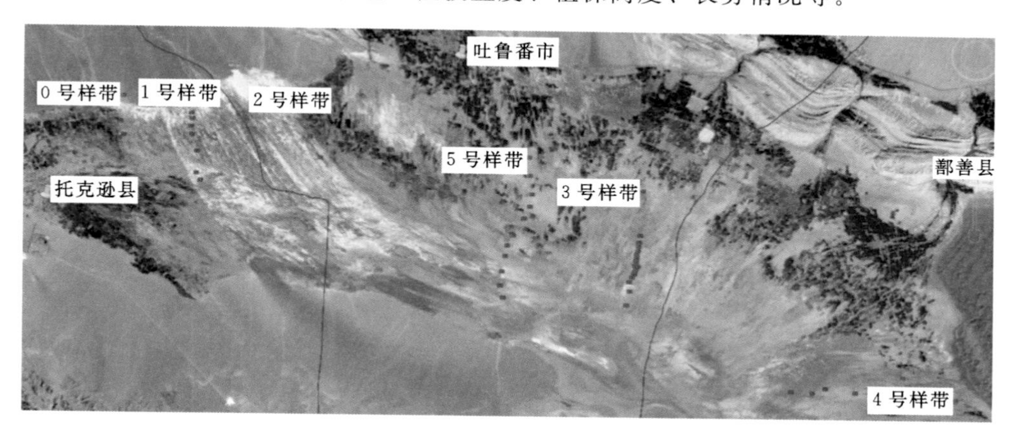

图3-1 实测样带及样方位置分布图

研究区内共布设了6条样带：

(1) 0号样带位于托克逊县东部绿洲区与荒漠区的交界线上，样带长度约5km，自北向南共布设了4个样方点。

(2) 1号样带位于托克逊县东部与吐鲁番市交界处的风区，样带长度约8.9km，自北向南共布设了8个样方点。

(3) 2号样带位于吐鲁番市风区与绿洲区的交界线上，样带长度约8.3km，自西北向东南共布设了5个样方点。

(4) 3号样带位于吐鲁番市三堡乡以南的荒漠区，样带长度约13km，自北向南共布设了16个样方点。

(5) 4号样带位于鄯善县迪坎乡以南，库木塔格沙漠景区以西，样带长度约18km，自西北向东南共布设了7个样方点。

(6) 5号样带位于吐鲁番市恰特喀勒乡以南，艾丁湖以北的绿洲—荒漠区过渡区，样带长度约16km，自北向南共布设了10个样方点。

在此次调查样方附近的水井，进行了各个水井处的地下水位埋深情况的人工观测工作，水井位置见图3-2。

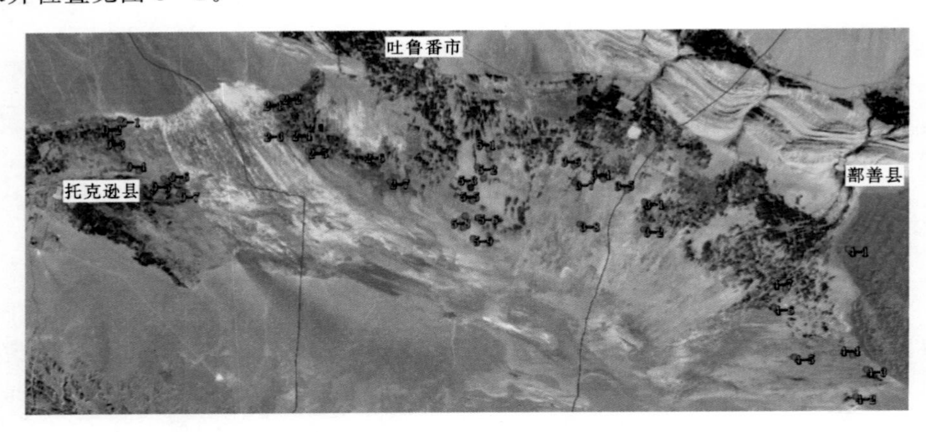

图3-2　实测水井位置分布图

2. 数据采集及检测

在植被样方内，设置土壤取样点处，具体位置见实测样带及样方位置分布图（图3-3），于20cm、40cm、60cm、70cm、100cm深度处，采用人工取土钻取土壤样品，委托新疆第一水文工程地质大队试验测试中心进行土壤含水量和土壤可溶盐、pH等化学性质样品测试，样品测试的项目包括K^+、Na^+、Ca^{2+}、Mg^{2+}、Cl^-、SO_4^{2-}、HCO_3^-、CO_3^{2-}、土壤总盐、土壤含水率、pH等。根据采集的土壤样品化学分析结果，利用数据统计软件SPSS对数据进行统计分析。

3. 植被类型图

经过实地调查，调查区内出现的野生植物种类共有以下几种类型：骆驼刺、芦苇、黑果枸杞、刺山柑（野西瓜）、花花柴（胖姑娘）、碱蓬、盐穗木、盐爪爪、红柳、梭梭等。

选取“群系”作为植被类型分类单位，即根据建群种所确定和命名的植物群落类型。经过实际调查，确定了研究区的植被类型分类系统，见表3-1。

表3-1　研究区的植被类型分类系统

植被类型	群　系	植被类型	群　系
灌丛	柽柳灌丛	草甸	芦苇盐生草甸
	黑果枸杞灌丛		芦苇盐生草甸
荒漠	梭梭荒漠		花花柴盐生草甸
	山柑荒漠		疏叶骆驼刺盐生草甸
	盐爪爪荒漠		碱蓬盐生草甸
	盐穗木荒漠		

图 3-3 野外调查及样品采集

通常来说，对于主要为单一建群种的植物群落，直接命名即可，在过渡区可能也有一些两个物种共同占优势的，如果面积比较大，可以作为一个共建种的群系类型。

经过野外实地调查，最终绘制了艾丁湖流域天然植被区 1：50000 植被类型分布图，见图 3-4。

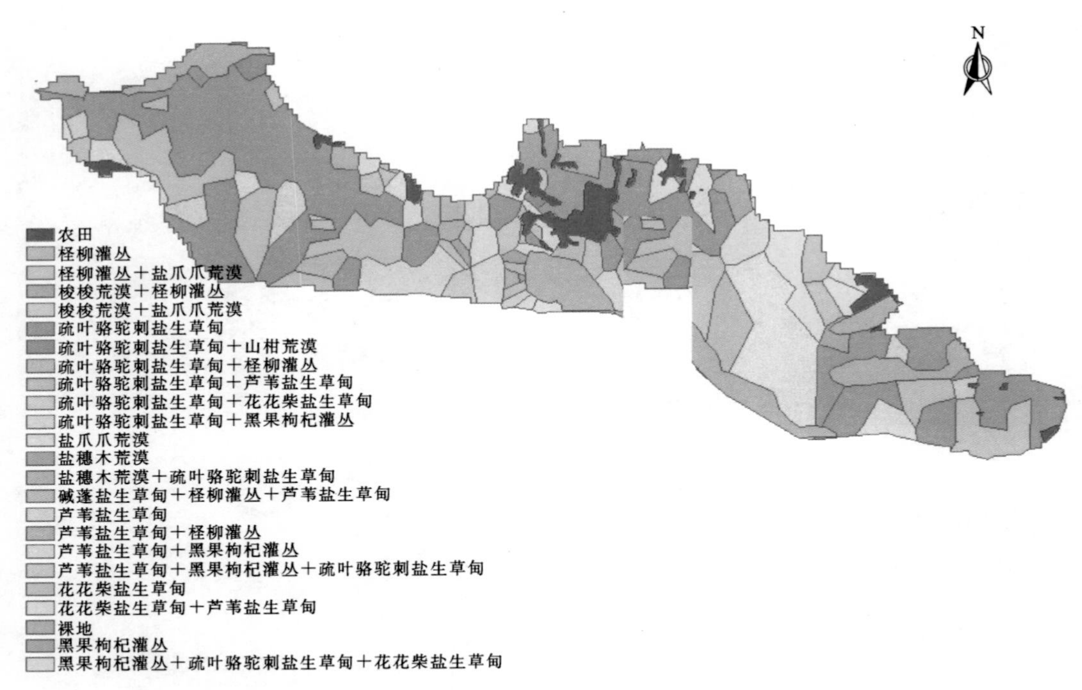

图 3－4　艾丁湖流域天然植被区 1：50000 植被类型分布图

3.2　遥感影像解译

3.2.1　数据预处理

处理过程如下：首先进行几何精纠正，由于 google earth 中艾丁湖流域（吐鲁番地区）的图像比较清晰并且定位精准，故分别在 google earth 和遥感影像中选取同样位置并且固定的点作为同名像点，对遥感影像进行几何精纠正；然后进行图像拼接，由于一幅遥感影像并不能完全覆盖整个区域，需用三幅影像拼接起来；最后根据研究区的 shapefile 文件对遥感影像进行图像裁剪。

3.2.2　地物判别标准

由于采用的是近红外段、红波段、绿波段的假彩色合成，所以红绿蓝三通道分别对应了近红外段、红波段和绿波段三个波段的信息。根据上一节地物的波谱特性，基于 3.1 节的样区，对整个流域地物的判读标准如图 3－5～图 3－12 所示。

图 3－5～图 3－12 中，耕地、林地、灌木地、草地、湿地水域、城乡工矿及居民用地、未利用土地的介绍如下。

耕地：图 3－5 中红色的为耕地，它容易与林地和草地混淆，但其最大的特点是耕地有纹理，这也是其与林地和草地区分的标志。

图 3-5 耕地示意图

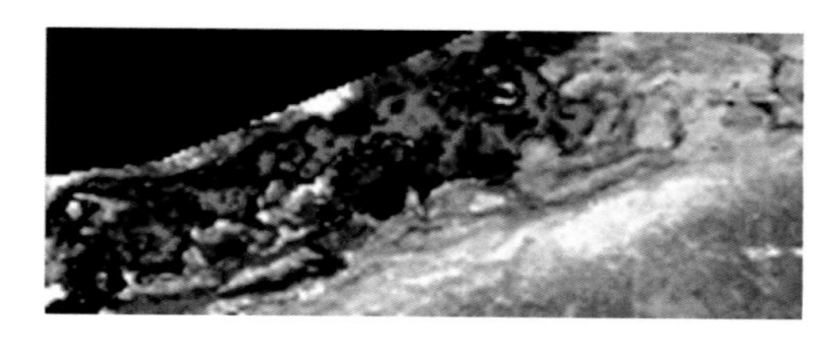

图 3-6 林地示意图

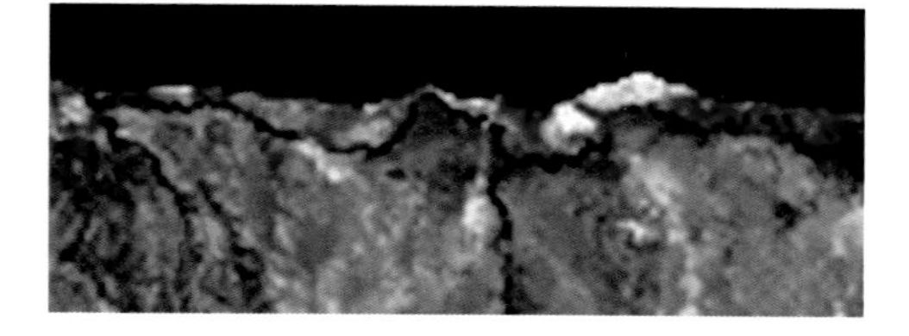

图 3-7 灌木地示意图

图 3-8 草地示意图

图 3-9 湿地水域示意图

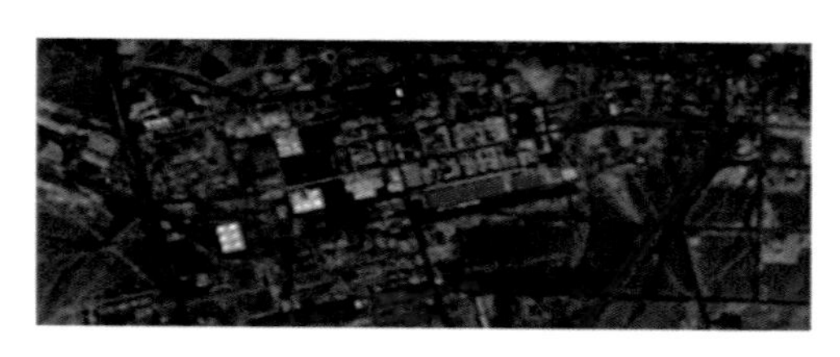

图 3-10 城乡工矿及居民用地示意图

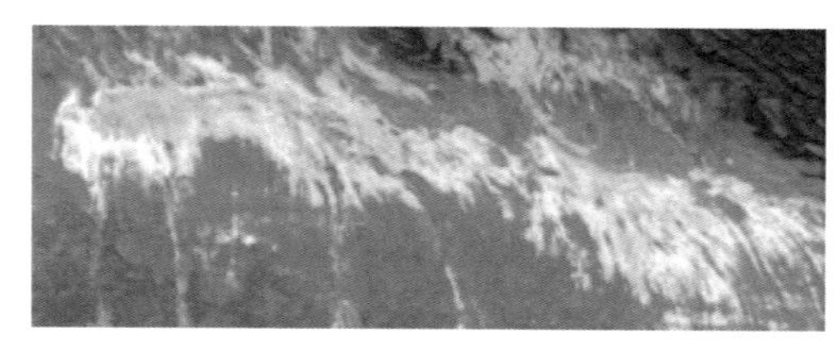

图 3-11 未利用土地示意图（一）

图 3-12 未利用土地示意图（二）

林地：图 3-6 中特别红的为林地，其特点还有沿着河流方向出现，这是其区分于耕地和草地的关键点。

灌木：图 3-7 中红色的为灌木，其和林地一样沿着河流方向出现，但其颜色没有有林地那么红，它呈现出粉红，虽然其和林地混在一起，但从颜色上还是和林地有区别。

草地：图 3-8 中红色的为草地，它没有林地和灌木那么红，其红色比较淡，故其比较容易辨认。

湿地水域：图 3-9 中蓝色的为水体，其比较容易辨认，它一般在水塘、河流中，样本容易选择。

城乡工矿及居民用地：图 3-10 中呈现水泥色偏青色的为居民用地，其和耕地一样有纹理，且其分布比较集中，故其容易辨认。

未利用地：它包括盐碱地和沙地两种地物，图 3－11 中白色的为盐碱地，图 3－12 中青色的为沙地，盐碱地为白色，容易区分。沙地为大面积分布，但其颜色和其纹理可轻易让人辨认，故其也容易辨别。

3.2.3　艾丁湖流域地物类型解译

本次解译工作分为两部分：一是用遥感专门处理软件 ENVI 对艾丁湖流域（吐鲁番地区）进行解译工作，所采用的分类方法为最大似然分类；二是用 ArcGIS 软件对艾丁湖流域（吐鲁番地区）进行目视解译（人工勾绘）工作，调整最大似然分类的结果，保证分类精度。把分类结果的 tif 图像在 GIS 中打开，并用全流域的 shapefile 文件对其进行裁剪，最后把其做成专题地图并在 GIS 导出。

3.3　植被覆盖度定量反演

基于随机森林算法构建地表植被覆盖度遥感定量反演模型。使用的地面观测数据包括 2018—2019 年期间数次采样所获得的大量地表植被覆盖度实测数据。采样点个数共约 200 个，采样时间集中在 2018 年 4 月、5 月、10 月及 2019 年 5 月，包括的地物类型主要有疏叶骆驼刺盐生草甸、芦苇盐生草甸、黑果枸杞灌丛、柽柳灌丛、梭梭荒漠和盐爪爪荒漠等。

3.3.1　随机森林基本原理——回归树

随机森林是一种基于树的方法。回归树的基本思路为：把特征空间划分成一系列的矩形区域，然后在每个区域中拟合一个简单的模型（例如：常量）。如何逐步生成回归树，给定（输入、响应）组成的 N 个观测，如何自动确定分裂变量、分裂点，以及树的结构，这是建立回归树时首先要确定的问题，回归树的示意图如图 3－13 所示。

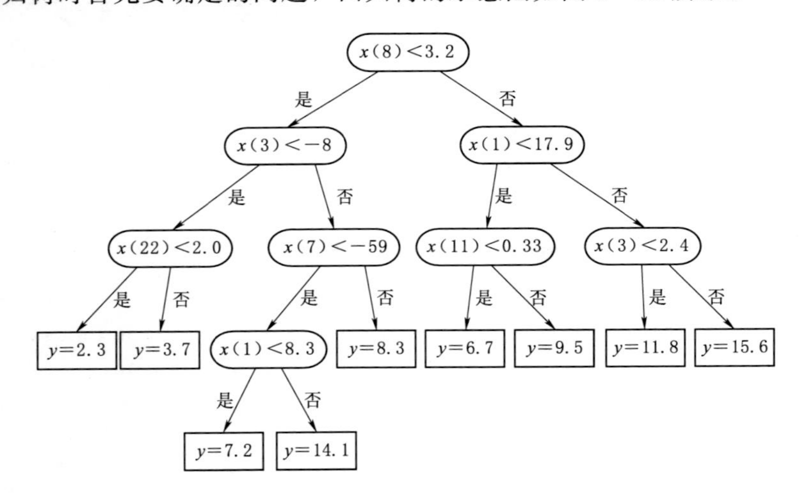

图 3－13　回归树示意图

建立回归树主要步骤：首先是搜索分裂变量和分裂节点，其次是树的结构控制，也就是树的终止和剪枝操作，具体过程如下：

第一步：搜索分裂变量和分裂点。给定数据集 $D=\{(x_1,y_1),(x_2,y_2),\cdots,(x_n,y_n)\}$ 假设已经将空间划分为 M 个区域 $R_1,R_2,\cdots,R_M$，每个区域都有一个固定的输出值 c_m，则回归树的模型为

$$f(x)=\sum_{m=1}^{M}c_m I(x\in R_m) \tag{3-1}$$

训练数据集的预测误差为平方误差，即

$$\sum_{x_i\in R_m}[y_i-f(x_i)]^2 \tag{3-2}$$

平方误差是用来求每个区域上最优的输出值，即

$$\hat{c}_m=\mathrm{ave}(y_i\mid x_i\in R_m) \tag{3-3}$$

在二叉划分中，假设搜索分裂变量 j 和分裂点 s，定义一对半平面

$$R_1(j,s)=\{x\mid x_j\leqslant s\},R_2(j,s)=\{x\mid x_j>s\} \tag{3-4}$$

搜索分裂变量 j 和分裂点 s，即求解目标函数

$$\min_{j,s}\left[\min_{c_1}\sum_{x_i\in R_i(j,s)}(y_i-c_1)^2+\min_{c_2}\sum_{x_i\in R_2(j,s)}(y_i-c_2)^2\right] \tag{3-5}$$

内部最优输出值可以用式（3-6）求解：

$$\hat{c}_1=\mathrm{ave}(y_i\mid x_i\in R_i(j,s)),\hat{c}_2=\mathrm{ave}(y_i\mid x_i\in R_2(j,s)) \tag{3-6}$$

第二步：树结构的控制。涉及两个方面，一个是何时停止分裂，另一个是对树进行剪枝。

何时停止分裂有两种方法：一种是仅当分裂是平方和降低超过某个阈值时，才分裂；另一种是仅当达到最小节点大小时停止分裂。

对树进行剪枝：思路是定义树的一些子树，从它们中找到在“对数据拟合程度和树模型的复杂度”准则下最优的一个，如：

$$C_\alpha(T)=\sum_{m=1}^{|T|}N_m Q_m(T)+\alpha\mid T\mid \tag{3-7}$$

其中

$$\begin{gathered}N_m=\#\{x_i\in R_m\}\\ Q_m(T)=\frac{1}{N_m}\sum_{x_i\in R_m}(y_i-\hat{c}_m)^2\\ \hat{c}_m=\frac{1}{N_m}\sum_{x_i\in R_m}y_i\end{gathered} \tag{3-8}$$

式（3-7）中参数 α 来控制树的大小和对数据拟合程度之间的折中，对它的估计用5或10折交叉验证实现。

3.3.2 随机森林算法

随机森林是由 Breiman（2001）提出的一种分类或回归算法，它通过自助法（bootstrap）重采样技术，从原始训练样本集 N 中有放回地重复随机抽取 n 个样本生成新的训练样本集合训练回归树，然后按以上步骤生成 m 棵回归树组成随机森林，新数据的回归结果为所有回归树结果的加权平均值。其实质是对回归树算法的一种改进，将多个回归树合并在一起，每棵树的建立依赖于独立抽取的样本，流程示意见图 3-14。

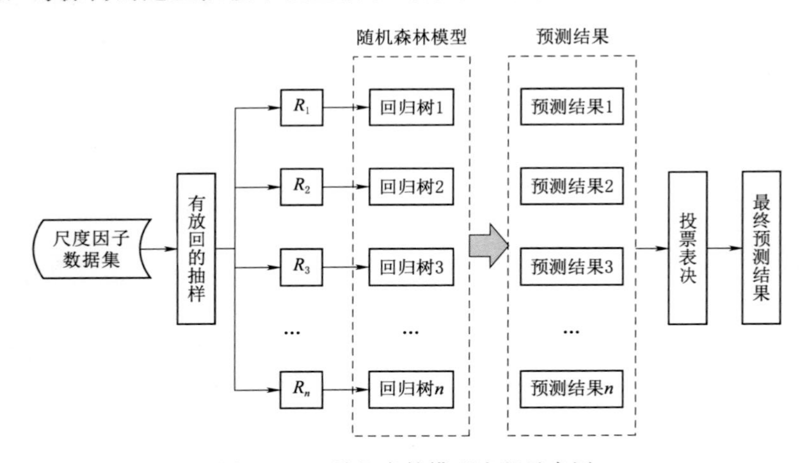

图 3-14　随机森林模型流程示意图

单棵树的回归能力可能很小，但在随机产生大量的回归树后，一个测试样本可以通过每一棵树的回归结果经统计后得到最优的回归结果。随机森林的随机性主要体现在两个方面：①训练每棵树时，从全部训练样本中随机选取一个子集进行训练，用剩余的数据进行测试，评估其误差；②在每个节点上，随机选取所有特征的一个子集，用来计算最佳分割方式。

第一步，抽样。抽样是随机森林中每棵树建造的第一步，抽样利用有放回的方式。假设训练样本一共有 N 个，每次随机地从样本中有放回地抽取一个，一共抽取 N 次，用这抽取的 N 个样本去训练森林中的一棵树；如此循环直到训练了所需要数目的树。

第二步，节点分裂属性的选择。节点属性的选择采用随机抽样和 CART 的方式。所谓随机抽样即：假设每个样本都有 M 个属性，随机地从这 M 个属性中选择 m 个属性（其中 $m \ll M$）CART 即：使用这 m 个属性中最具有区分能力的某个属性用以使节点分裂。

这一步是针对于森林中每棵树的创建，其中的样本集合是每次用 bootstrap 方式抽样得到的 N 个样本。

第三步，分裂的终止条件。分裂终止条件有很多种变种，一般是给节点中的属性数目设个阈值，具体数值根据实际情况来确定。

随机森林建好后并不需要对森林剪枝，它可以用于解决分类问题以及回归问题。分类的输出结果是：所有树中获得投票最多的那个类，即为当前对象所属的类。回归的输出结果是：所有树的输出值的平均值。

3.3.3　随机森林的特点

随机森林是一种十分高效的预测方法，是一种组合式的算法。它是树状分类器的组

合，它聚集了随机的分类特征以及 Bagging 等方法的特征，拥有下列优秀的特性：

第一，随机森林回归效果十分优异。回归精度高，抑制过度拟合，能有效处理大数据集，能够处理没有经过筛选的大量的输入变量，在不平衡的数据集类别中能够平衡误差。

第二，随机森林很少需要人为的操作。这个方面主要体现在做特征维度的提取时，不需要进行特征值的提取，就可以根据数据自行决定要使用到的随机森林，因此大大简化了随机森林自身的操作流程；另一个方面，它一般没有必要对观测数据的维度做出相应的处理，就能够防止并且查出在数据中以离群的状态存在的粗差数据，也可以在大比例尺的样本数据丢失时依旧保证良好的精确性，为研究者提供丢失的数据的统计结果，进而使它的应用变得更加便利。进一步表现为需要人为设定的参数量较少，一定要提前设定的参数是随机森林中树的数量和随机变量的数量，并且它们对回归的结果精度的影响不大。

第三，随机森林可以另外为人们提供几种对于数据的刻画方式。用随机森林能够对各属性的重要性进行评估，能够伴随森林生成的过程获得泛化误差的无偏估计。使用随机森林还能够计算相似性，拿来做一些聚类的分析，用于上述的离群信息的定位等。

第四，随机森林的数据处理速度很快。因为一般在树的节点处是通过一种对比的方式给出结果而且树生长得越完整，计算的速度越快，因此在已经生长完成的树上进行分类或者是回归都是比较高效的。

3.3.4 模型精度评价

采用 2018 年 5 月的采样数据来验证模型精度，结果如图 3-15 所示。从图中可以看出植被覆盖度反演结果与采样点数据相关性很高，散点的分布也大部分集中在拟合线的两侧，误差较大的离散点也相对较少。决定系数 R^2 达到了 0.8778，平均误差为 0.004334341，均方根误差 $RMSE$ 为 0.045855707，相对误差百分率为 15.28248203，满足误差范围，运用随机森林模型反演植被覆盖度精度较高。

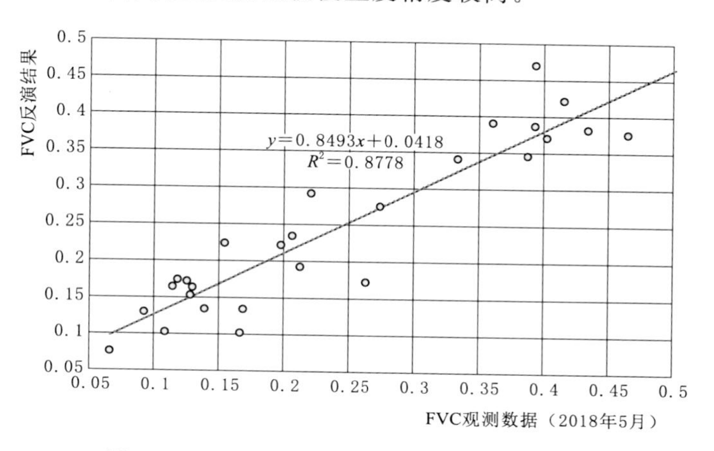

图 3-15 植被覆盖度反演结果精度评价散点图

3.4　艾丁湖流域绿洲湿地时空变化特征

3.4.1　土地利用类型时空分布特征

由图 3 - 16 艾丁湖流域 1976—2019 年土地利用分布类型图可知，未利用土地分布在整个流域的外围，且未利用土地的比重较大；已开发利用土地主要在流域中部，其中耕地主要分布在流域中部和北部；草地主要分布在流域中下游，在已利用土地中比重最大；林地主要分布河流两岸及部分河谷地带且林地分布面积很小；灌木分布在中部与草地耕地混合分布；少量湿地水域主要包括艾丁湖区及少量河流及耕地中的人工水域，面积很小；城乡工矿及居民用地主要分布在耕地中。艾丁湖流域 1976—2019 年土地利用面积解译成果见表 3 - 2。

由艾丁湖流域 1976—2019 年土地利用面积解译成果可知，城乡工矿及居民用地、灌木地、林地、湿地水域在整个流域中所占的比重非常小。未利用土地在整个流域所占比重最大，其次是草地面积，再之为耕地面积。

草地面积的变化趋势大体上为先减少后增加，1976—2010 年退化趋势明显，减少了 371.85km²，草地面积在 2010 年左右最小，2010—2019 年增加了 401.04km²。

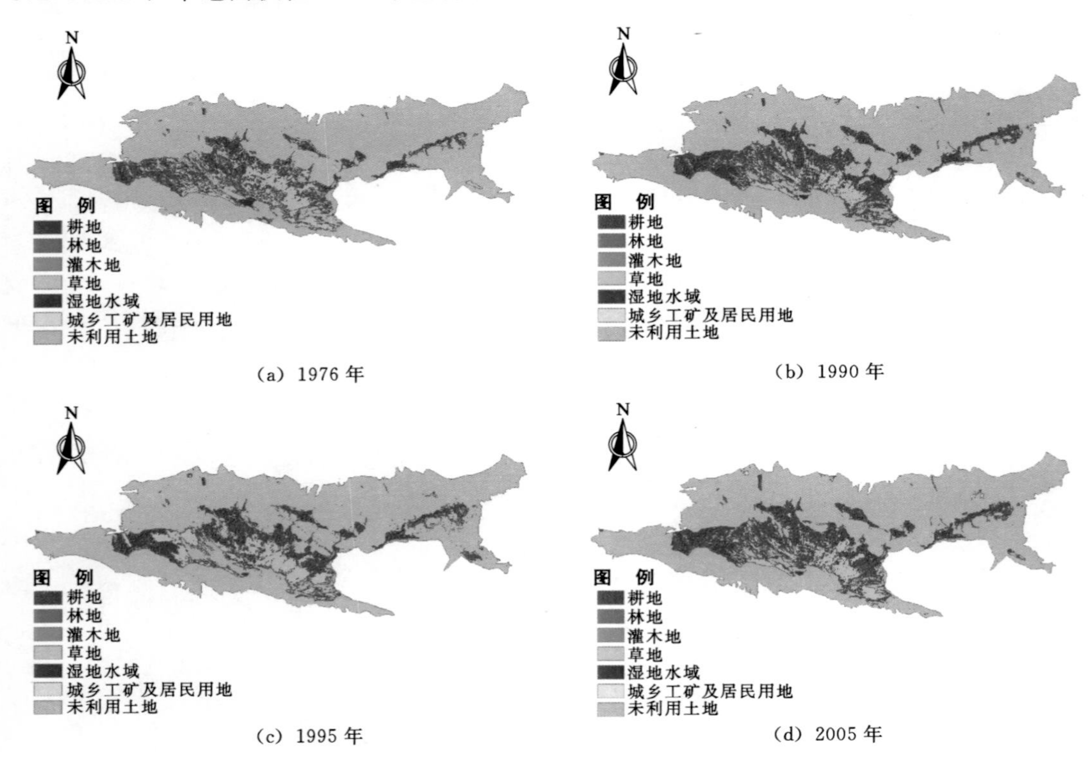

图 3 - 16（一）　艾丁湖流域 1976—2019 年土地利用分布图

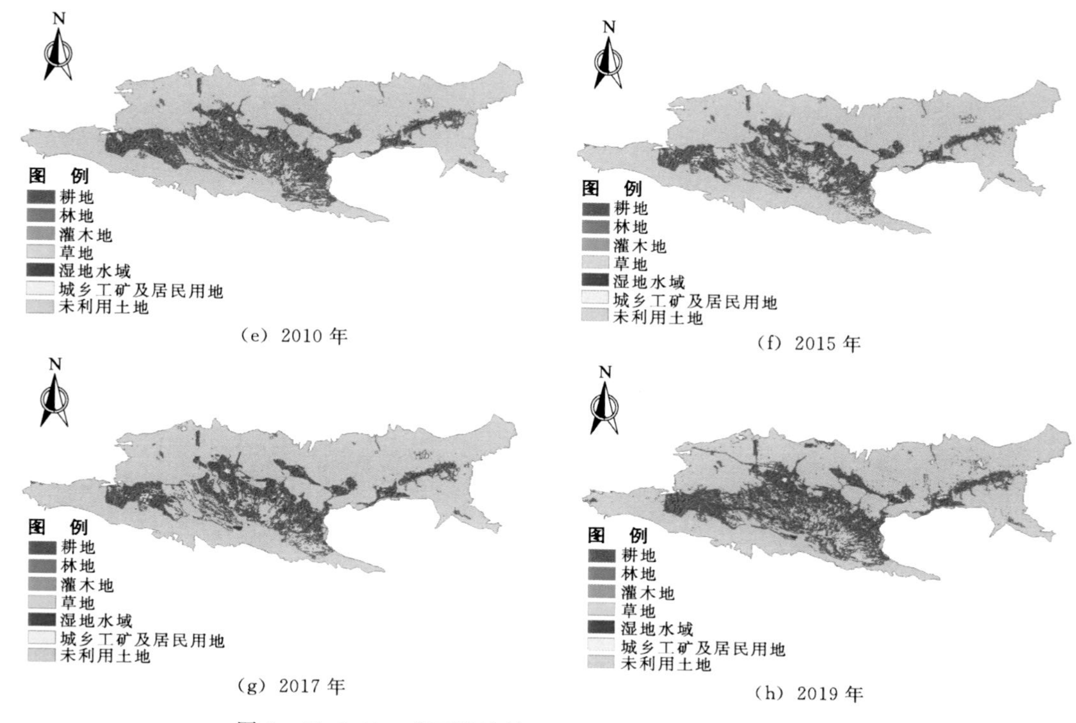

图 3-16（二） 艾丁湖流域 1976—2019 年土地利用分布图

表 3-2　　艾丁湖流域 1976—2019 年土地利用面积解译成果　　单位：km^2

土地类型	1976 年	1990 年	1995 年	2005 年	2010 年	2015 年	2017 年	2019 年
草地	2063	1177	1232	1234	1030	1096	1283	1398
城乡工矿及居民用地	16	59	60	100	120	198	191	159
耕地	441	677	732	764	773	755	743	638
灌木地	47	30	29	32	29	31	29	30
林地	3	3	2	2	3	3	2	3
湿地水域	33	9	7	10	10	12	13	10
未利用土地	1454	2104	2000	1919	2096	1965	1800	1822

灌木地面积在 1976—1990 年显著减少了 16.78km^2，随后在 1990—2010 年减少了 1.46km^2，2010—2019 年小幅增加了 1.03km^2。

湿地水域面积在 1976—1990 年减少了 23.44km^2，随后在 1995—2010 年的面积增长明显，增长了 3.67km^2，2010—2019 年小幅增加了 0.74km^2。

耕地面积整体上呈现先迅速增大，随后保持稳中缓慢增加，后来又有所减小的变化趋势，在 1976—1990 年期间迅速增加了 299.42km^2，1990—2010 年缓慢增加了 141.86km^2，2010—2019 年耕地面积减少了 102.71km^2。

林地面积在 1976—2010 年期间缓慢增长，共增加了 2.12km^2，而到了 2010—2019 年期间，林地面积又迅速减少，减少了 2.03km^2。2010 年的林地面积最大，为 15.03km^2，

1976年与2019年林地面积几乎相等，分别为12.91km^{2}和13.0km^2。

城乡工矿及居民用地在整个流域中所占的比重非常小，面积在1976—2019年期间的变化趋势为逐步增加，共增加了303.88km^2。

未利用土地在整个流域所占比重最大，在1976—2010年呈递减趋势，共减少了635.73km^2。

在1976—2010年期间，城乡工矿及居民用地、耕地、未利用土地的面积明显扩大；湿地水域、草地、灌木地的面积发生退化；林地面积基本不变，见表3-3。

表3-3　艾丁湖流域1976—2019年土地利用增减表

土地类型	1976—2010年	2010—2019年	1976—2019年
	增减量/%	增减量/%	增减量/%
草地	-50	36	-32
城乡工矿及居民用地	+638	+32	+873
耕地	+75	-17	+45
灌木地	-38	3	-36
林地	-1	-19	-19
湿地水域	-70	+6	-69
未利用土地	+44	-13	25

在2010—2019年期间，城乡工矿及居民用地面积继续扩大；草地、灌木地、湿地水域的面积变化由之前的缩小转为扩大；耕地、未利用土地的面积变化由之前的扩大转为缩小；林地面积变化由之前的基本不变转为缩小。

3.4.2　天然绿洲与人工绿洲演变特征

将流域地表覆被划分为天然绿洲和人工绿洲两类，其中，天然绿洲包括草地、灌木和湿地水域，人工绿洲包括耕地和林地。由于研究区林地多为人工种植林，因此划归为人工绿洲。

天然绿洲与人工绿洲的时空分布见图3-17、表3-4。

表3-4　1976—2019年艾丁湖流域天然绿洲与人工绿洲分布面积统计

绿洲特性	1976年	1990年	1995年	2005年	2010年	2015年	2017年	2019年
天然绿洲面积/km^2	2110	1208	1260	1266	1058	1127	1312	1428
人工绿洲面积/km^2	445	680	734	766	777	758	745	641
天然绿洲面积/人工绿洲面积	4.74	1.78	1.72	1.65	1.36	1.49	1.76	2.23

从图3-18、图3-19可以看出，随着艾丁湖流域社会经济的发展，流域土地利用变化表现为天然绿洲的先缩小后扩大和人工绿洲的先扩大后缩小。天然绿洲面积在1976—2010年呈逐步减少趋势，在2010—2019年面积又逐步增大。艾丁湖流域平原区天然绿洲与人工绿洲面积比值整体上呈先下降后上升趋势，在2010年左右比值最小，先从1976年的4.74下降到2010年的1.36，后又上升到2019年的2.23。随着艾丁湖流域社会经济的发展，流域土地利用变化表现为天然绿洲的先缩小后扩大和人工绿洲的先扩大后缩小。

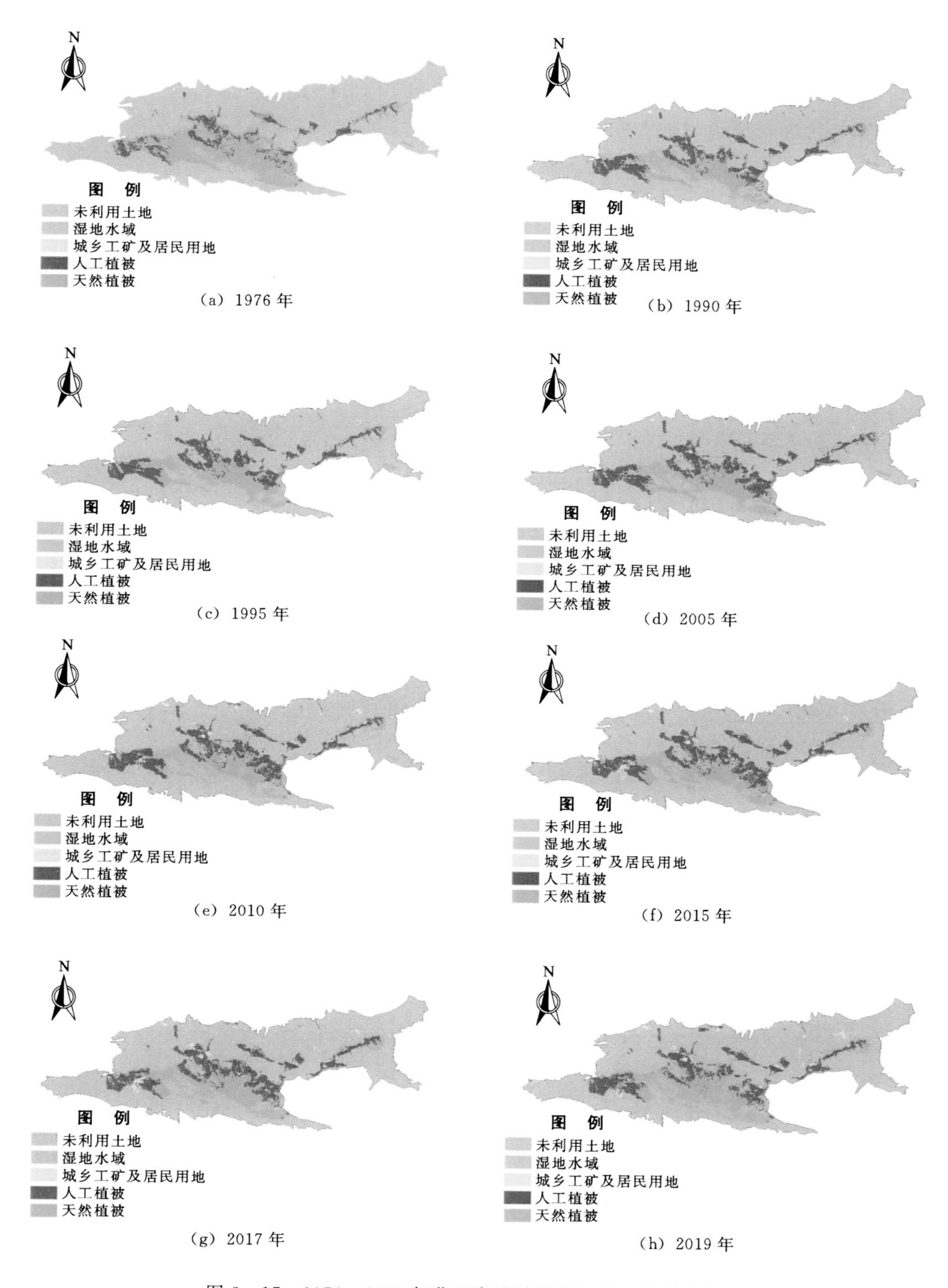

图 3-17 1976—2019 年艾丁湖流域天然与人工绿洲分布图

图3－18、图3－19及表3－5中天然绿洲与人工绿洲面积发生明显变化的原因是2010年以前，该区域经济发展较为粗放，经济人口的增长对粮食的需求量增加，扩展了耕地的面积，使得人工绿洲面积呈现递增趋势。而2010年以后，由于当地政府提出并采取了生态保护的政策和科学的治理方略，推进了约束水资源开采量、提高渠系水利用效率、新增高效节水面积、退减灌溉面积等地下水合理开发利用的方案，天然绿洲的面积开始回升，生态环境逐渐改善。

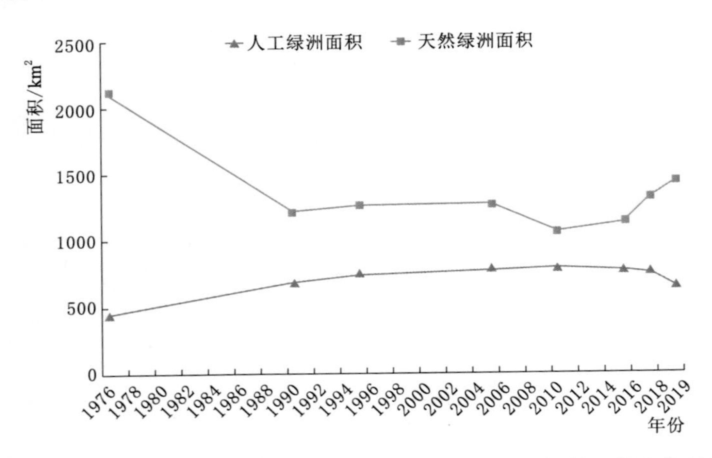

图3－18　艾丁湖流域1976—2019年人工绿洲与天然绿洲面积变化过程

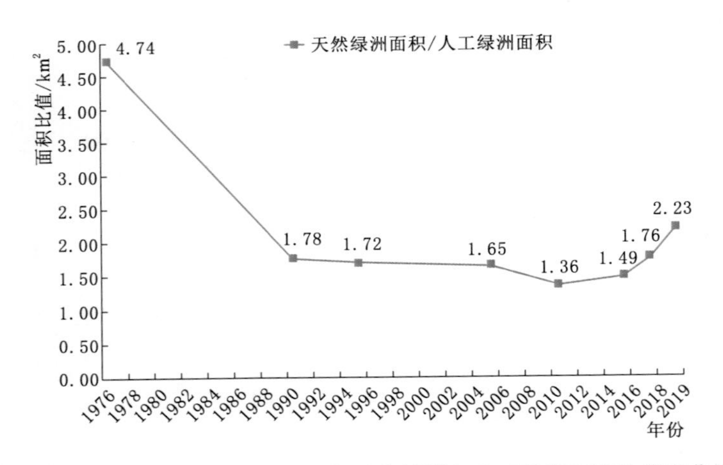

图3－19　艾丁湖流域1976—2019年天然绿洲与人工绿洲面积比值变化过程

表3－5　艾丁湖流域人工绿洲与天然绿洲面积增减统计　单位：km²

年份＼土地类型	人工绿洲面积增减量	天然绿洲面积增减量	天然绿洲面积增减量/人工绿洲面积增减量
1976—1990年	＋235	－903	－3.83
1990—2010年	＋97	－149	－1.55
2010—2015年	－18	＋69	－3.77

续表

年份 \ 土地类型	人工绿洲面积增减量	天然绿洲面积增减量	天然绿洲面积增减量/人工绿洲面积增减量
2015—2019 年	−117	+301	−2.57
1976—2019 年	196	−682	−3.47
1976—2010 年	332	−1052	−3.17

3.4.3 天然植被类型时空分布特征

艾丁湖流域同其他西北内陆盆地一样，生态环境十分脆弱。其中，流域生态环境的主要组成部分是植被，植被的生长状态决定着流域生态环境的好坏。通过 2018—2019 年对艾丁湖流域天然植被区做植被类型调查（结果见图 3-20），艾丁湖湖滨天然绿洲以疏叶骆驼刺（*Alhagi sparsifolia*）形成的植被群落为主，其他主要还有芦苇（*Phragmites austrlais*）、柽柳（*Tamarix Chinensis Lour.*）、盐爪爪［*Kalidium foliatum*（*Pall.*）*Moq.*］、梭梭［*Haloxylon ammodendron*（*C. A. Mey.*）*Bunge*］、黑果枸杞（*Lycium ruthenicum Murr.*）和花花柴［*Karelinia caspia*（*Pall.*）*Less*］等。

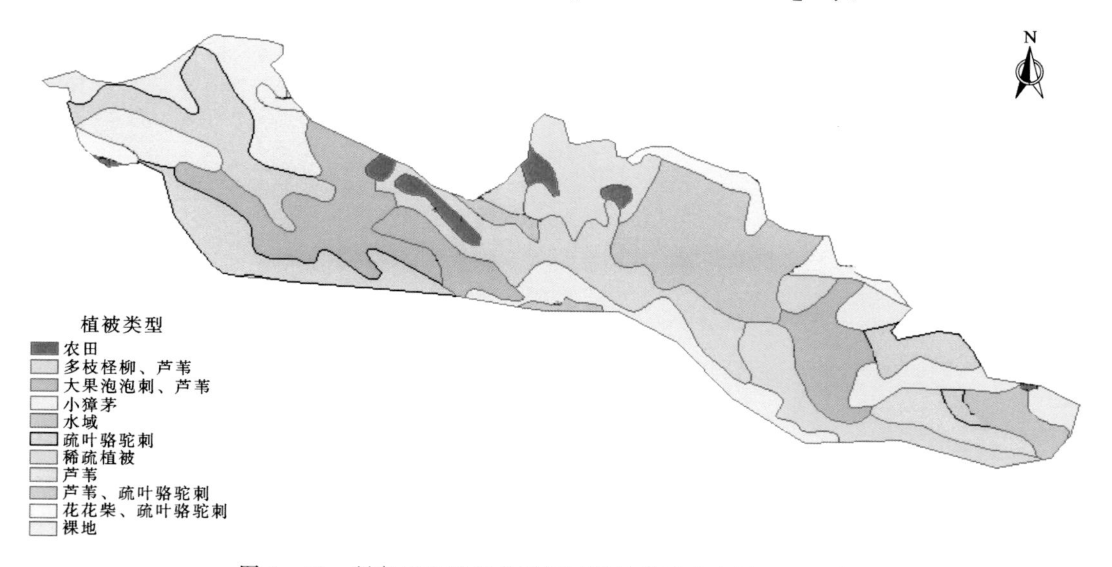

图 3-20　研究区下游天然绿洲区植被类型分布图（1980 年）

1980 年的植被类型分布见图 3-20。当时的植被类型主要有大果泡泡刺、芦苇（面积 227km^2，占比 17.2%）；疏叶骆驼刺（面积 215km^2，占比 16.3%）；芦苇、疏叶骆驼刺（面积 196km^2，占比 14.9%）；裸地（面积 158km^2，占比 12.0%）；多枝柽柳（面积 137km^2，占比 10.4%）；小獐茅（面积 109km^2，占比 8.2%）、花花柴、疏叶骆驼刺（面积 46km^2，占比 3.5%）；农田耕地（面积 33km^2，占比 2.5%）。各类植被类型分布面积如图 3-21 所示。

2019 年现场调查制作的植被分布见图 3-22。由图可知，下游天然绿洲区的植被类型

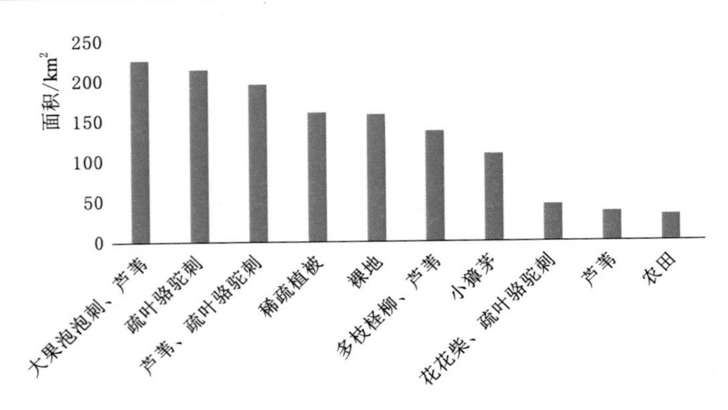

图 3-21　研究区下游天然绿洲区植被类型面积（1980 年）

主要有疏叶骆驼刺盐生草甸（面积 585km²，占比 43.7%）、裸地（面积 416km²，占比 31%）、芦苇盐生草甸（面积 155km²，占比 11.6%）、柽柳灌丛（面积 40.5km²，占比 3%）、花花柴盐生草甸（面积 16.6km²，占比 1.2%）、黑果枸杞灌丛（面积 37.7km²，占比 2.8%）、盐爪爪荒漠（面积 15.2km²，占比 1.1%）、盐穗木荒漠（面积 6.8km²，占比 0.5%）、梭梭荒漠（面积 6km²，占比 0.4%）、农田耕地（面积 60.9km²，占比 4.5%）。各类植被类型分布面积如图 3-23 所示。

图 3-22　研究区下游天然绿洲区植被类型分布图（2018 年）

由此可见，1980—2019 年期间研究区下游天然绿洲区植被的物种类型发生了较大变化，1980 年分布范围最广的植被是骆驼刺、芦苇、大果泡泡刺，而到了 2019 年，分布范围最广的植被由多元化转为较单一的骆驼刺盐生草甸，1980 年分布较多的大果泡泡刺及小獐茅到 2019 年已经几乎不见踪迹，在 1980—2019 年期间骆驼刺一直属于分布范围很广的优势物种，这与地下水位等变化及骆驼刺生态保护区发挥的积极效益密不可分，而芦苇、柽柳的分布范围明显缩减，零星少量的梭梭、盐爪爪、盐穗木新兴出现在下游植被区。

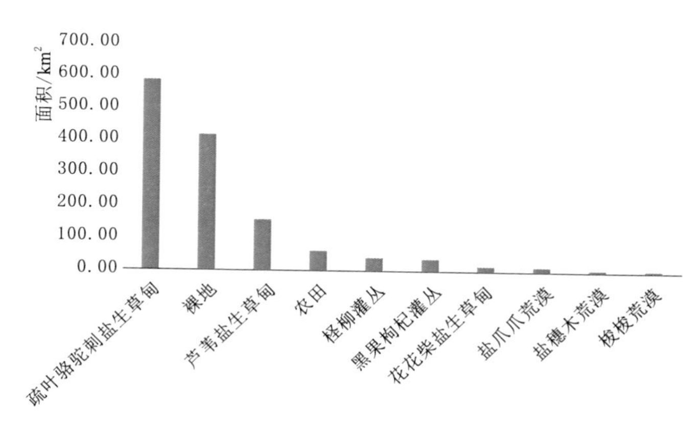

图 3-23 研究区下游天然绿洲区植被类型面积（2019 年）

通过图 3-24 中 1980—2018 年天然植被物种的演变类型分布情况可以看出，西部的主要物种演变类型有：小獐茅、大果泡泡刺、芦苇演变为骆驼刺，小獐茅、大果泡泡刺、骆驼刺演变为裸地。中部的主要物种演变类型有：多枝柽柳、芦苇演变为骆驼刺、多枝柽柳、芦苇演变为裸地，大果泡泡刺演变为骆驼刺、大果泡泡刺演变为芦苇、芦苇演变为骆驼刺。

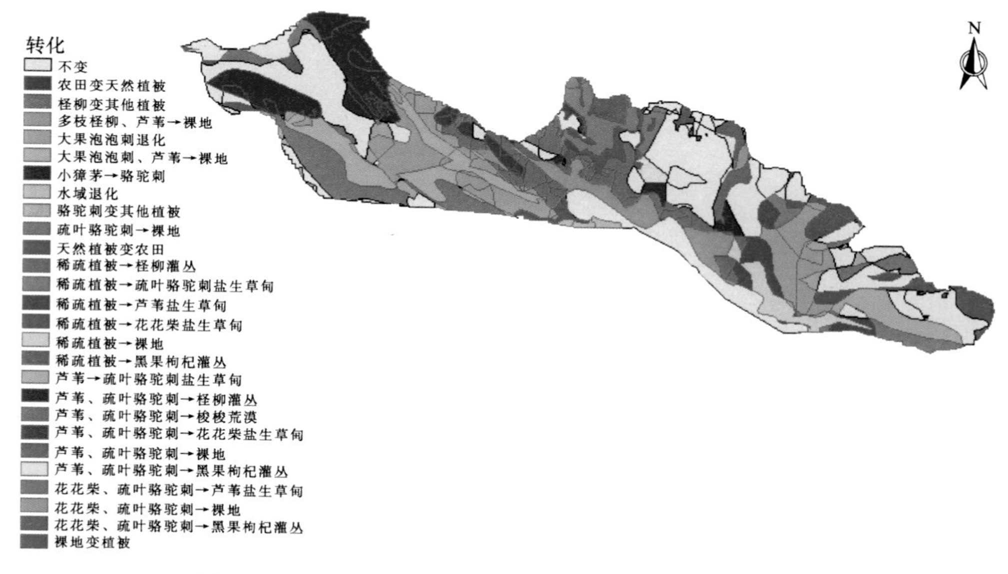

图 3-24 1980—2018 年天然植被物种的演变类型分布情况

统计 1976—2010 年、2010—2019 年、1976—2019 年三个时段的艾丁湖流域天然植被的转换情况，主要分为天然植被的不变范围（时段初为天然植被类型，时段末仍为天然植被类型）、扩张范围（时段初为其他土地利用类型，时段末变为天然植被类型）及衰退范围（时段初为天然植被类型，时段末变为其他土地利用类型），空白部分表示除了天然植被以外的其他土地利用类型的转换。

由图3-25可以看出1976—2010年期间艾丁湖流域天然植被的分布变化情况：1976年天然植被面积为2110km²，2010年天然植被面积为1058km²。总体来说，1976—2010年期间天然植被的衰退范围为1429km²、扩张范围为377km²，衰退范围远远大于扩张范围，从分布面积上看呈整体退化趋势。天然植被的衰退范围主要分布在西区郭勒布依乡西部、吐托公路南侧、中区恰特喀勒乡南部、艾丁湖的北部以及东区达朗坎乡和迪坎乡南部。天然植被范围分布变化的原因主要是由于长期以来艾丁湖生态区人类活动、水资源开发利用强度不断增强，局部地区地下水超采程度日益严峻，进入湖泊的水量逐渐减少，导致艾丁湖生态系统明显恶化。

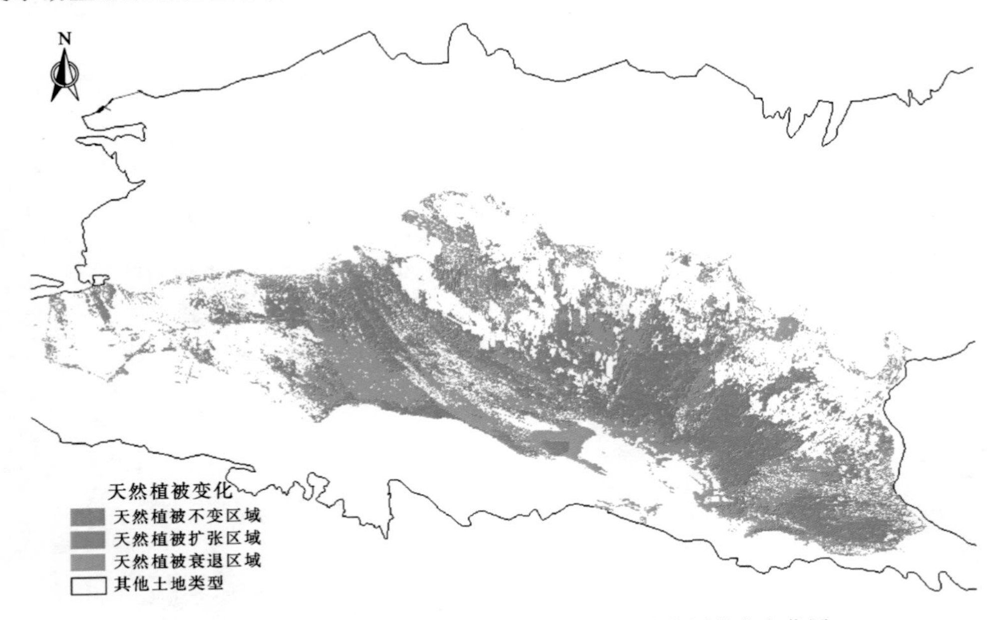

图3-25　艾丁湖流域1976—2010年天然植被范围分布变化图

由图3-26可以看出，2010—2019年期间艾丁湖流域天然植被的分布变化情况主要分为天然植被的不变范围及扩张范围。2010—2019年期间，天然植被的扩张范围主要分布在西区夏乡吐托公路南侧、中区恰特喀勒乡南部、艾丁湖北部、东区达朗坎乡周边，2010年天然植被面积为1058km²，2019年天然植被面积为1428km²。总体来说，2010—2019年期间天然植被的扩张范围为669km²、衰退范围为299km²，扩张范围远大于衰退范围，从分布面积上看整体呈好转趋势。天然植被范围分布发生变化与野生骆驼刺保护基地围栏工程的建设及地下水的超采程度得到有效遏制等原因有关。

由图3-27可以看出，1976—2019年期间艾丁湖流域天然植被的分布变化情况，主要分为天然植被的不变范围、扩张范围及衰退范围。1976年天然植被面积为2110km²，2019年天然植被面积为1428km²。总体来说，1976—2019年期间天然植被的衰退范围为1061.04km²、扩张范围为379km²，衰退范围远大于扩张范围，从分布面积上看呈整体退化趋势。天然植被的衰退范围主要分布在西区郭勒布依乡西部、吐托公路南侧、中区艾丁湖的北部以及东区达朗坎乡和迪坎乡南部。

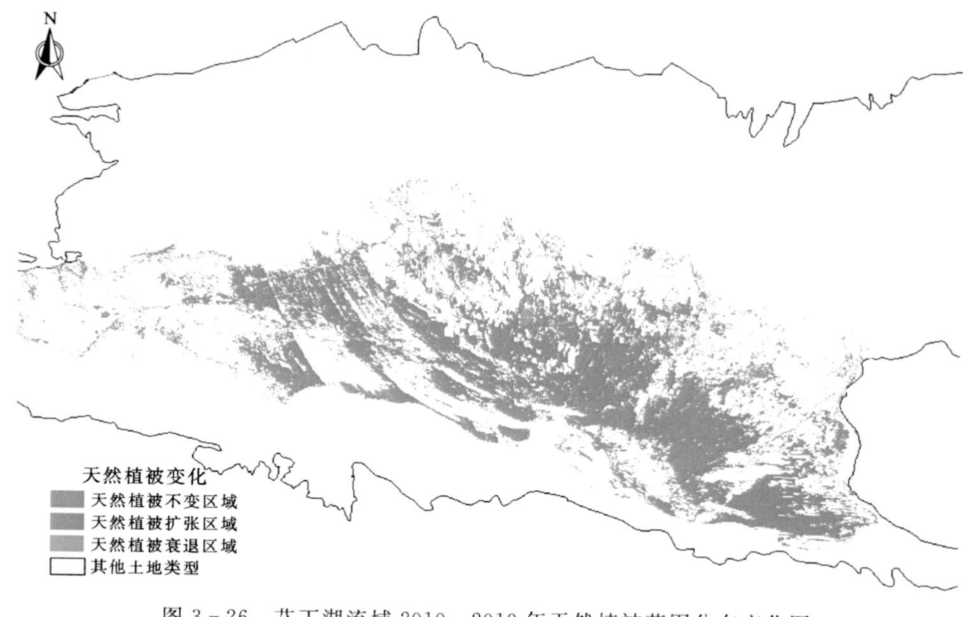

图 3-26 艾丁湖流域 2010—2019 年天然植被范围分布变化图

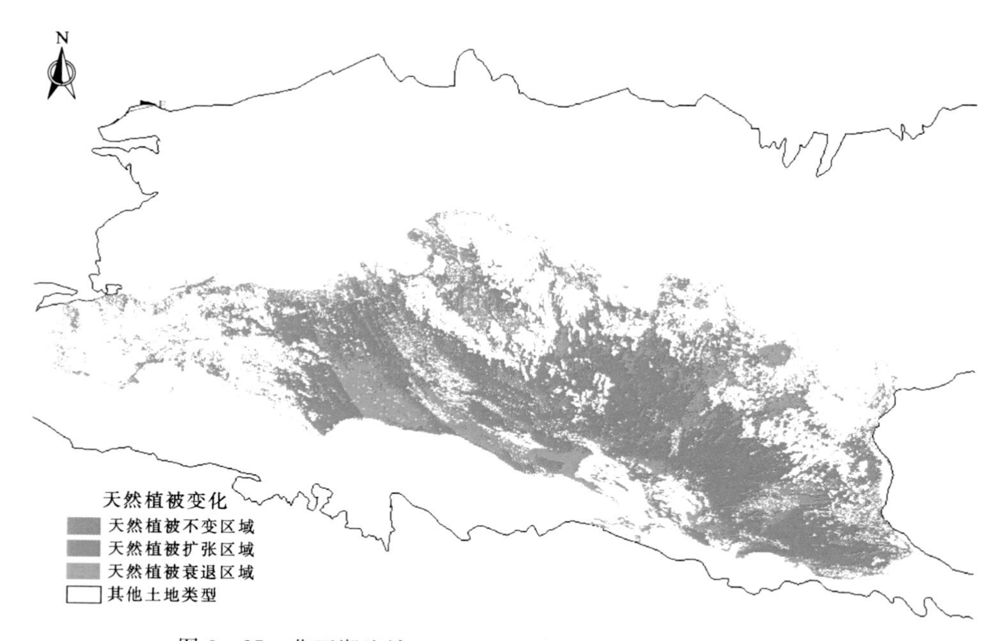

图 3-27 艾丁湖流域 1976—2019 年天然植被范围分布变化图

天然植被范围分布发生变化的原因主要是由于长期以来，由于艾丁湖生态区人类活动、水资源开发利用强度不断增强，局部地区地下水超采程度日益严峻，进入湖泊的水量逐渐减少，艾丁湖生态系统明显恶化，尽管艾丁湖生态区近年来在重点地区开展了盐生草甸即骆驼刺的保护，建设围栏工程，适当调整载畜量，但从天然植被分布面积来看，1976—2019 年期间仍然呈明显退化。

3.4.4　植被覆盖度时空分布特征

在艾丁湖流域内，天然植被主要为灌木地、草地，人工植被主要为耕地、林地，见图 3-28。由图 3-29 可知，人工植被的平均覆盖度高于天然植被的平均覆盖度。

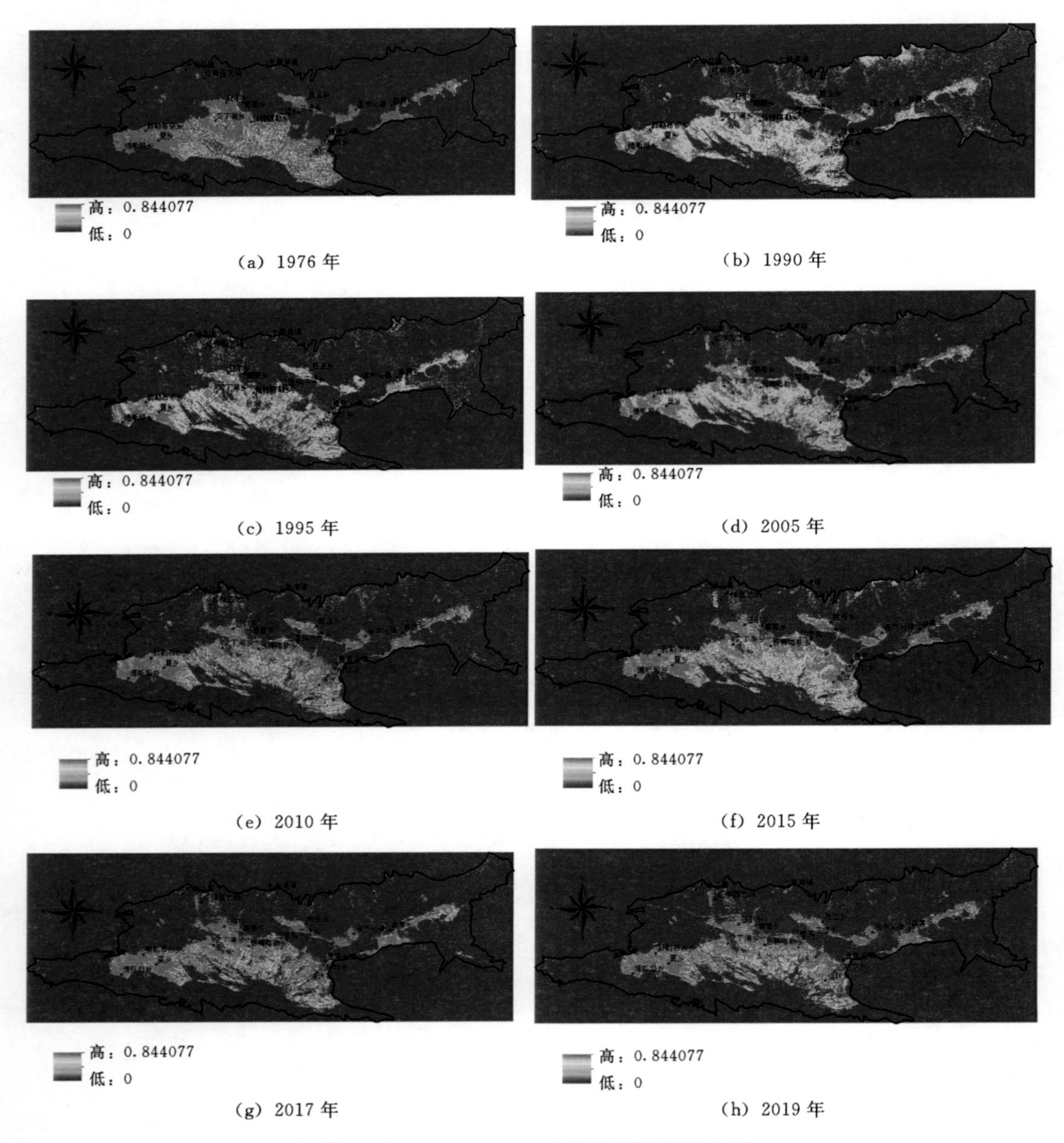

(a) 1976 年　(b) 1990 年

(c) 1995 年　(d) 2005 年

(e) 2010 年　(f) 2015 年

(g) 2017 年　(h) 2019 年

图 3-28　1976—2019 年植被覆盖度分布图

(1) 人工植被（耕地、林地）。1976—2019 年，随着人类对水资源开发利用效率和耕作技术水平的提升，进入 21 世纪后人工植被的平均覆盖度呈明显增长趋势。

(2) 天然植被（灌木地、草地）。由图 3-29 可以看出天然植被平均覆盖度的变化历

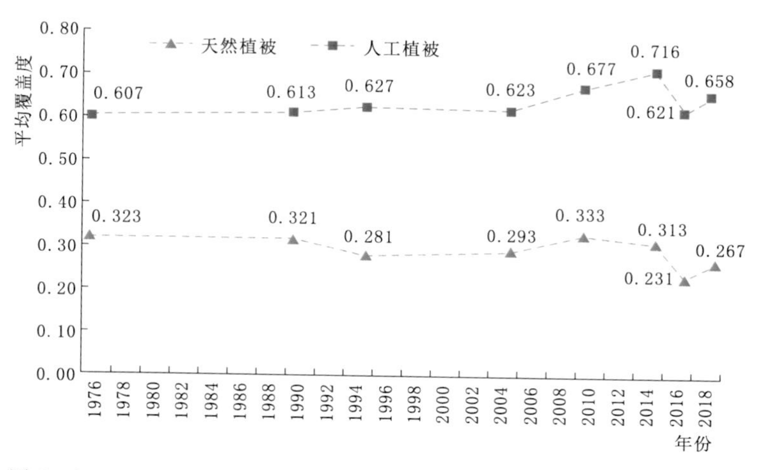

图 3-29　1976—2019 年艾丁湖流域天然植被与人工植被的平均覆盖度

程，可将其分为两个变化周期，其中，1976—1995 年，天然植被的平均覆盖度呈减小的趋势；在 1995—2019 年期间，天然植被的平均覆盖度呈先增大后减小的趋势，其中，1995 年和 2017 年天然植被的平均覆盖度为两个周期内的低谷值。1990 年和 2010 年天然植被的平均覆盖度为两个周期内的峰值。

由天然植被分布面积与天然植被平均覆盖度的乘积可以得出天然植被覆盖面积上的生物量，由图 3-30 可知，艾丁湖流域天然植被覆盖面积生物量在 1976—2010 年期间呈逐渐减小的趋势，尽管到了 2010—2019 年期间，天然植被分布面积呈上升趋势，但植被平均覆盖率呈先减小后增大的趋势，因此 2010—2019 年天然植被覆盖面积生物量呈现稳中略有增减的趋势，但变化幅度不大。

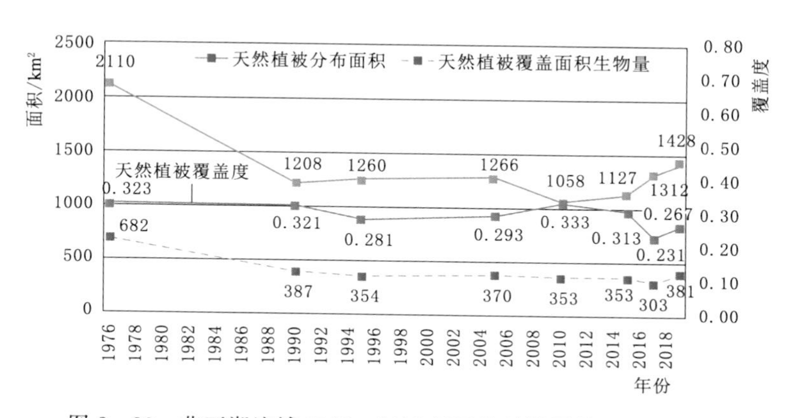

图 3-30　艾丁湖流域 1976—2019 年天然植被覆盖面积生物量

3.4.5　流域土壤盐分特征

艾丁湖地处盆地之中，四周高山林立，增热较快、散热缓慢，造成流域内风力较强，因此，吐鲁番素有“风库”之称。流域风沙危害较严重，易造成土地荒漠化的扩张。

由于流域蒸发大，降水量极少，在高温气候的作用下，极易导致土壤体上部积盐愈来愈多，进而形成大面积土壤盐碱化。当各种水利工程渗漏损失和灌溉过量形成地下水位抬升，或排水系统不畅，农业技术措施采取不当时又易发生土壤次生盐碱化。

流域盐碱地分布见图 3-31。

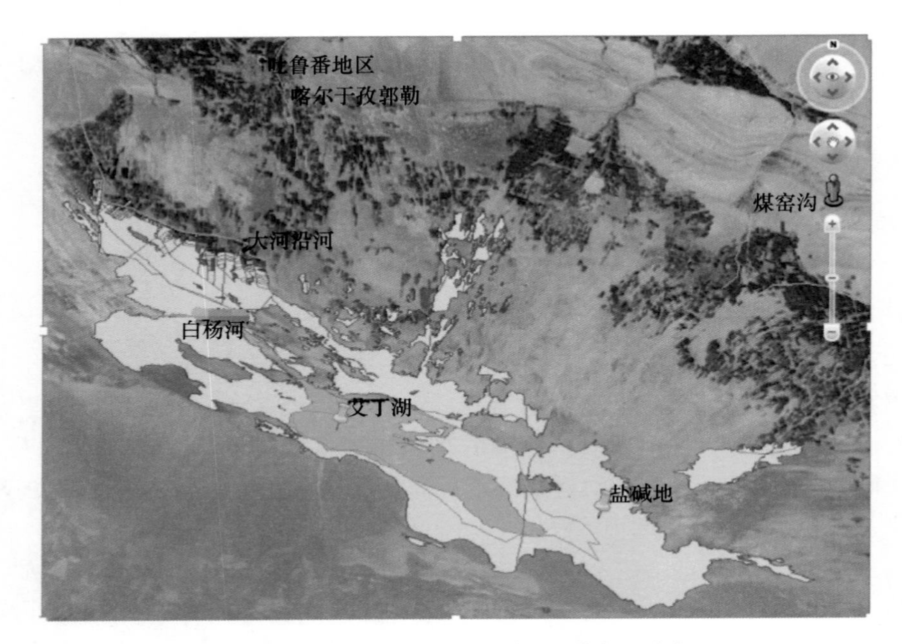

图 3-31 艾丁湖生态区盐碱地（黄色）分布

为初步了解采样地土壤各剖面层内各个特征要素的含量，本研究用描述统计方法，在 SPSS 24.0 软件中对采样地（见 3.1 节）的土样测验结果进行统计分析，统计指标有土壤八大离子含量、土壤总盐量、土壤含水率、pH 值，分析结果见表 3-6。

表 3-6　2018 年艾丁湖土壤盐分描述性统计特征

土层深度/cm	项　目	样本个数	极小值	极大值	中位数	均值	标准差	变异系数
20	K^+/(g/kg)	63	0.01	3.74	0.28	0.51	0.65	1.26
	Na^+/(g/kg)	63	0.45	246.12	19.28	62.83	78.28	1.25
	Ca^{2+}/(g/kg)	63	0.02	12.02	3.29	4.16	3.45	0.83
	Mg^{2+}/(g/kg)	63	0	64.21	0.97	8.35	15.03	1.8
	Cl^-/(g/kg)	63	0.11	212.7	7.62	24.15	44.43	1.84
	SO_4^{2-}/(g/kg)	63	0.61	642.4	35.06	147.89	203.49	1.38
	HCO_3^-/(g/kg)	63	0.03	1.28	0.23	0.36	0.28	0.77
	CO_3^{2-}/(g/kg)	63	0	1.2	0.00	0.04	0.16	4.31
	土壤总盐量/(g/kg)	63	1.79	960.67	84.06	248.11	303.87	1.22
	土壤含水率/%	63	0	22.99	3.43	5.7	5.3	0.93
	pH 值	63	6.15	8.8	7.32	7.37	0.78	0.11

续表

土层深度/cm	项 目	样本个数	极小值	极大值	中位数	均值	标准差	变异系数
40	K^{+}/(g/kg)	32	0.01	2.67	0.07	0.18	0.48	2.73
	Na^{+}/(g/kg)	32	0.1	188.25	6.90	15.68	39.43	2.51
	Ca^{2+}/(g/kg)	32	0.02	11.32	6.51	5.01	4.19	0.84
	Mg^{2+}/(g/kg)	32	0	29.16	1.22	2.28	5.37	2.35
	Cl^{-}/(g/kg)	32	0.1	155.98	2.99	8.19	27.18	3.32
	SO_4^{2-}/(g/kg)	32	0.35	489.91	33.02	42.39	86.57	2.04
	HCO_3^{-}/(g/kg)	32	0.06	1.19	0.24	0.34	0.27	0.79
	CO_3^{2-}/(g/kg)	32	0	0.15	0.00	0	0.03	5.66
	土壤总盐量/(g/kg)	32	0.86	728.62	56.86	73.9	143.72	1.94
	土壤含水率/%	32	1.29	28.4	15.41	13.84	8.08	0.58
	pH 值	32	6.45	8.31	7.23	7.38	0.53	0.07
65	K^{+}/(g/kg)	63	0	1.2	0.08	0.14	0.23	1.63
	Na^{+}/(g/kg)	63	0.09	69.3	4.66	7.46	10.12	1.36
	Ca^{2+}/(g/kg)	63	0.02	12.02	4.01	4.25	3.97	0.93
	Mg^{2+}/(g/kg)	63	0	3.64	0.30	0.85	1.02	1.2
	Cl^{-}/(g/kg)	63	0.07	21.27	3.10	4.41	5.3	1.2
	SO_4^{2-}/(g/kg)	63	0.16	147.69	21.13	23.29	25.02	1.07
	HCO_3^{-}/(g/kg)	63	0.06	1.16	0.18	0.26	0.22	0.85
	CO_3^{2-}/(g/kg)	63	0	0.06	0.00	0	0.01	7.94
	土壤总盐量/(g/kg)	63	0.64	247.94	41.44	40.54	40.87	1.01
	土壤含水率/%	63	0.26	32.84	13.00	13.16	9.55	0.73
	pH 值	63	6.15	8.4	7.17	7.15	0.52	0.07
100	K^{+}/(g/kg)	31	0.01	0.49	0.07	0.1	0.11	1.08
	Na^{+}/(g/kg)	31	0.05	22.88	2.83	5.1	5.66	1.11
	Ca^{2+}/(g/kg)	31	0.04	10.52	2.00	2.94	3.2	1.09
	Mg^{2+}/(g/kg)	31	0	1.82	0.12	0.41	0.49	1.21
	Cl^{-}/(g/kg)	31	0.07	42.54	1.90	4.75	8.58	1.81
	SO_4^{2-}/(g/kg)	31	0.19	43.23	9.13	13.15	13	0.99
	HCO_3^{-}/(g/kg)	31	0.06	0.73	0.18	0.23	0.14	0.63
	CO_3^{2-}/(g/kg)	31	0	0	0.00	0	0	—
	土壤总盐量/(g/kg)	31	0.47	90.92	18.35	26.56	25.51	0.96
	土壤含水率/%	31	0.35	27.57	9.93	10.36	7.34	0.71
	pH 值	31	6.13	8.15	7.02	7.03	0.48	0.07

从表 3-6 中数据可以看出，20cm、40cm、100cm 土层深度处的土壤总盐量的均值大于中位数，说明含盐量呈右偏态分布；65cm 土层深度处的土壤总盐含量的均值小于中位

数，说明含盐量呈左偏态分布。由于含盐量呈偏态分布，因此，采用中位数说明研究区总体含盐量水平较为适宜。

由于上面各组数据的数量量纲不同，进行对比分析时，不能直接使用标准差来进行比较，而是需要通过变异系数（CV）（标准差/均值）来消除测定尺度与量纲不同的影响。变异系数也是土壤特性变异性的一个估计值，可以描述土壤变量的离散程度，一般认为，$CV<15\%$为弱变异，$15\% \leqslant CV<35\%$为中等变异，$35\% \leqslant CV<100\%$为强变异，$CV \geqslant 100\%$为极强变异。从变异系数来看，100cm 土层含盐量变异系数为 0.96，属于强变异强度；20cm、40cm、65cm 土层含盐量变异系数范围在 1.01～1.94 之间，均属于极强变异强度，可能是由于该研究区的土壤受到干旱多风的气候等外界因素的影响，使不同样地的地下水埋深差异性较大，因此在集盐过程中各离子往表层土壤的迁移速度不一致而导致表层土壤盐分呈现了较强的空间异质性。

由表 3－6 可以看出，研究区土壤各个深度（20cm、40cm、65cm 和 100cm）的平均含水率分别为 5.7％、13.84％、13.16％、10.36％。在 0～40cm 深度范围内，土壤含水率随着土壤深度的增加而迅速增加，在 40～100cm 范围内基本保持稳定，由此可知土壤受到当地蒸发影响的深度主要在 0～40cm。

为了初步了解采样地土壤各剖面层内各个特征要素的含量，本研究用描述统计方法，对比了各项实测土壤离子和总盐分在不同土层深度的平均值。

图 3－32 表示的是各项实测土壤离子和总盐分的平均值随着不同土层深度的变化趋势。20cm、40cm、65cm、100cm 的含盐总量分别为 84.06g/kg、56.86g/kg、41.44g/kg、18.35g/kg，各土层盐分含量的值差异较大。这表明艾丁湖流域总体上土壤盐分分布具有较强的表聚性，即随着深度的增加含盐量减少。

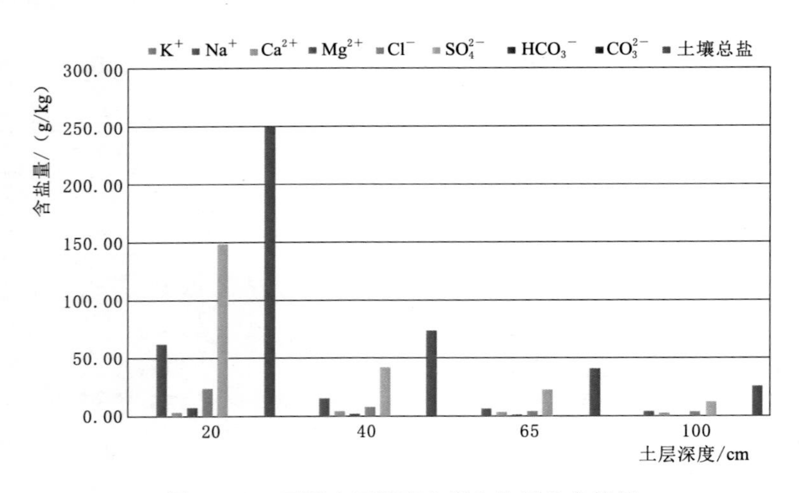

图 3－32　不同土层深度土壤含盐量分布特征

由图 3－32 可看出，SO_4^{2-} 是研究区的主要阴离子，Cl^- 的含量次之、HCO_3^- 的含量再次之、CO_3^{2-} 的含量最低。Na^+ 是研究区的主要阳离子，Ca^{2+} 的含量次之、Mg^{2+} 的含量再次之、K^+ 的含量最低。

3.4.6 艾丁湖湖面演变特征

艾丁湖是内陆流域尾闾湖泊，流域水循环决定了艾丁湖的生态状况。其补给来源主要是流域内的 14 条河流的地表水及地下水，随着上游用水量大幅度增加，入湖水量显著减少。入湖水量是盐湖生态系统的重要组成部分，入湖水量的减少，导致湖泊各要素发生变化。其中，由入湖水量多寡决定的湖区水面面积是流域生态环境状况、盆地地表地下水环境等的直接反应。可以说艾丁湖湖面面积的大小是流域内生态环境状况的一个“指示器”。

对艾丁湖流域遥感图像进行处理，通过 landsat 影像利用可见光、红外波段进行水体信息的自动提取。用 NDWI 指数计算，并在人工解译干预的基础上得出的灰度图像取合适阈值，进行二值化，提取出水体像元的总数和像元面积来得出湖面面积。1976—2018 年艾丁湖湖面面积见图 3-33。

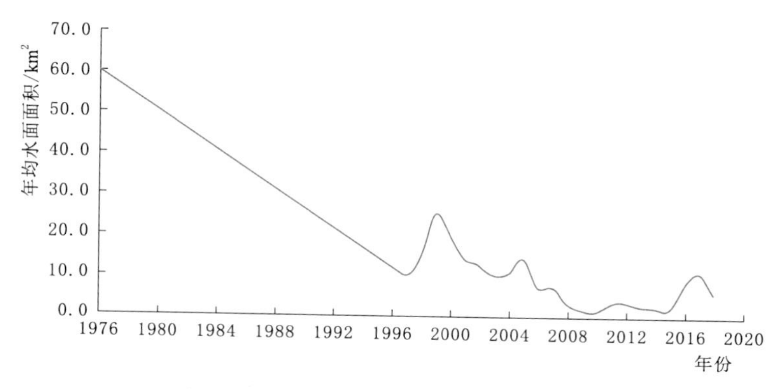

图 3-33 艾丁湖湖面面积变化趋势图

由图 3-33 可知，自 1976 年至今，艾丁湖湖面面积总体保持一种减小趋势，但减小速度逐渐变缓。很明显看出，自 2010 年之后艾丁湖湖面面积开始波动性回升。由于艾丁湖湖水来源于区域地表河流和地下水的补给，受人类活动取水影响较大。吐鲁番市 2010 年以来实施了退地、高效节水灌溉等措施，用水总量逐年减少，都为艾丁湖湖面面积增加作出了一定的贡献。

第 4 章

艾丁湖流域绿洲湿地退化与地下水开发利用关系

4.1 西区地下水埋深与天然植被退化情况

从图 4-1～图 4-3 中 1976 年及 2017 年地下水等埋深线可以看出，2011—2017 年间，托克逊县博斯坦乡、高昌区大河沿镇、七泉湖镇和鄯善县吐峪沟乡地区地下水位明显抬升，年均变幅大于 2m，原因是这些区域可利用地表水资源较丰富，地下水开采量较少，地下水的补给强度较大；南盆地大部分地区地下水位基本稳定或有小幅度下降；高昌区艾丁湖乡、亚尔乡和鄯善县北部连木沁镇、辟展乡、火车站镇水位下降幅度较大，年均变幅大于 2m，原因是地下水开采量较大，且补给强度较小。

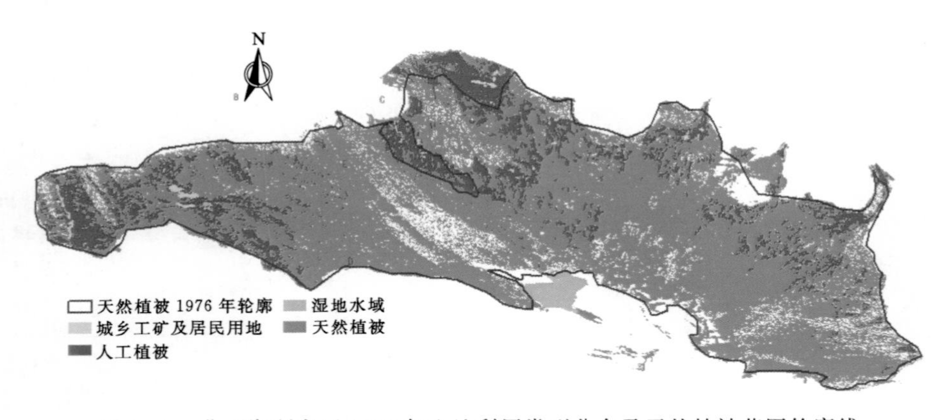

图 4-1　艾丁湖研究区 1976 年土地利用类型分布及天然植被范围轮廓线

由图 4-4 可看出，1976—2010 年期间艾丁湖周边天然植被区域范围轮廓向缩小方向发生变化，2010—2017 年期间范围轮廓向扩大发生变化，其中 2010 年的天然植被区域轮廓界线范围最小，对此将时段分为 1976—2017 年、1976—2010 年、2010—2017 年三个时段，并考虑土壤岩性，地下水埋深的特点分为三个区，即西区、中区、东区。西区为黏质土，地下水埋深浅，中区埋深大，为砂质土，东区埋深小，为砂质土。

图 4-2 艾丁湖研究区 2010 年地下水埋深线及天然植被范围轮廓线

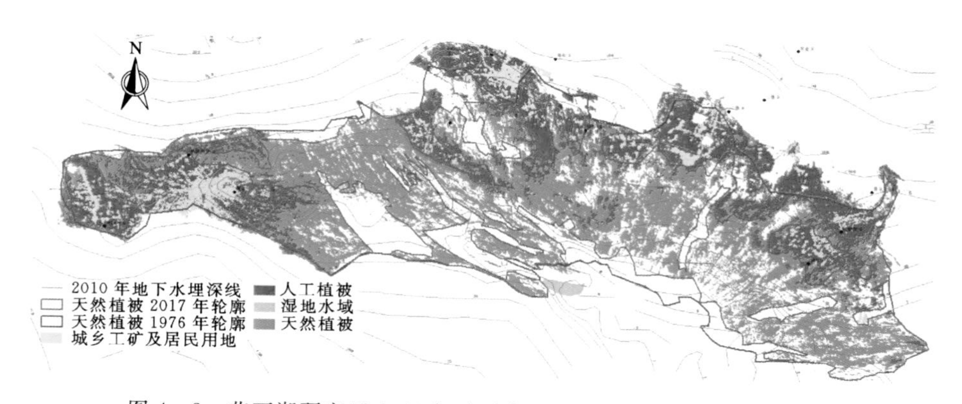

图 4-3 艾丁湖研究区 2017 年地下水埋深线及天然植被范围轮廓线

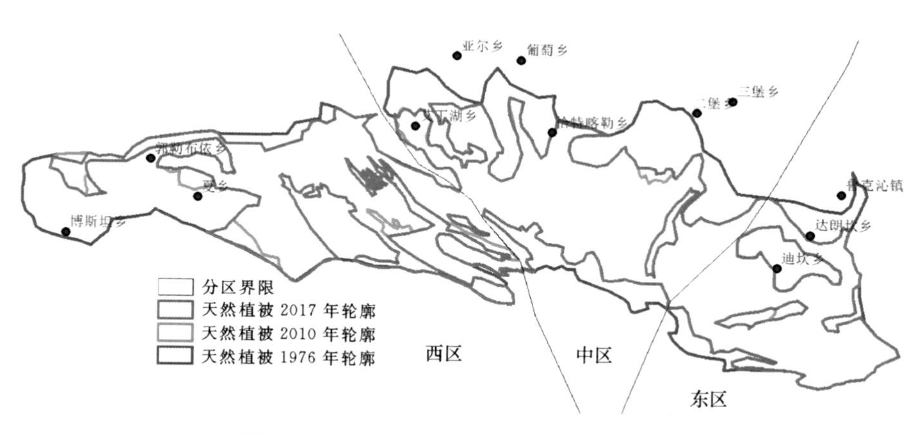

图 4-4 艾丁湖天然植被研究区分区范围图

4.1.1 西区天然植被 1976—2017 年变化

根据图 4-5 和图 4-6 中西区的 1976 年与 2017 年人工植被与天然植被分布范围，可将 1976 年与 2017 年天然植被分布范围轮廓线分别勾勒出来并叠加显示，如图 4-7 所示。

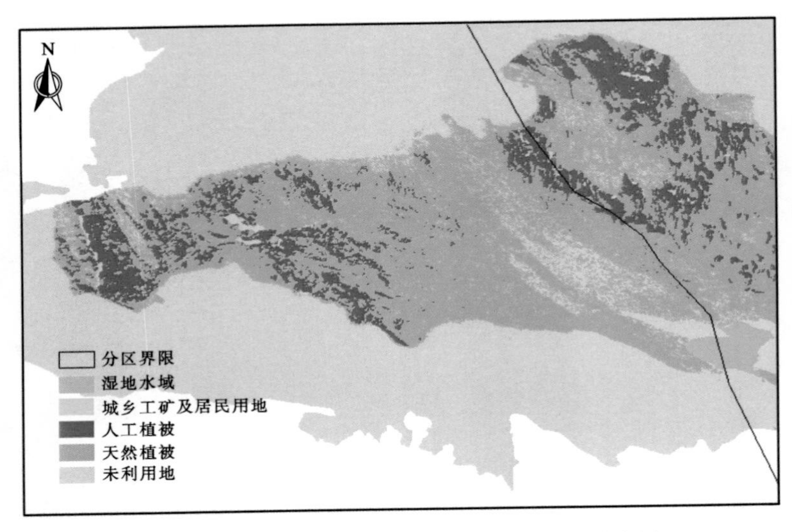

图4-5　西区1976年天然植被与人工植被分布图

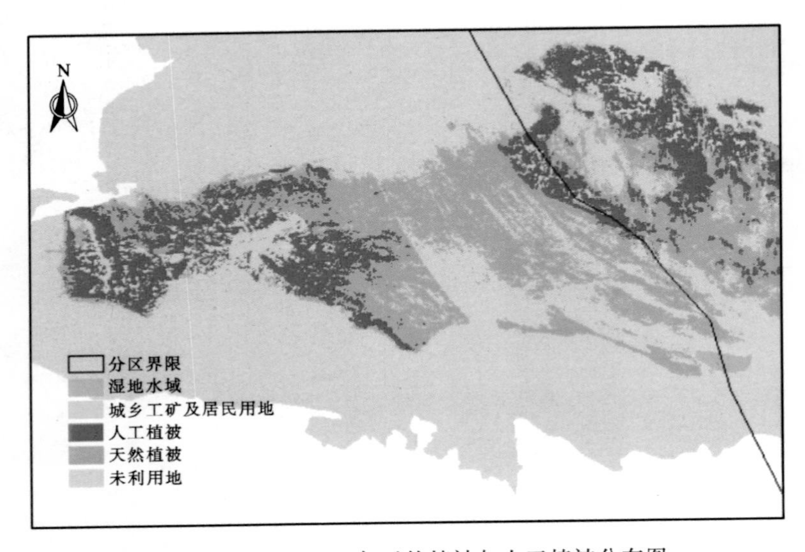

图4-6　西区2017年天然植被与人工植被分布图

由图4-7可以看出，1976年至2017年期间，西区植被区域轮廓在郭勒布依乡东侧、艾丁湖乡西侧的北边界线明显向南发生迁移（图4-7中A处所示），迁移距离为2.2km，且迁移后的边界线与7m埋深线基本重合，这块衰退区域的面积为41.9km^2。

而图4-7中B处、C处的天然植被轮廓北边界线没有发生明显迁移，此处天然植被边界线在2017年的埋深大致在15～20m，B处与C处北侧均为山地且存在山洪冲沟，能够受到洪水的补充，并且C处上游有一座大墩水库，能够受到上游大墩水库渗漏来水补充。由于B处、C处受到地表水的来水补给可以维持天然植被的生长，所以B处、C处的天然植被北边界线没有发生较大迁移。图4-7中D处的植被区域轮廓南边界线在1976—

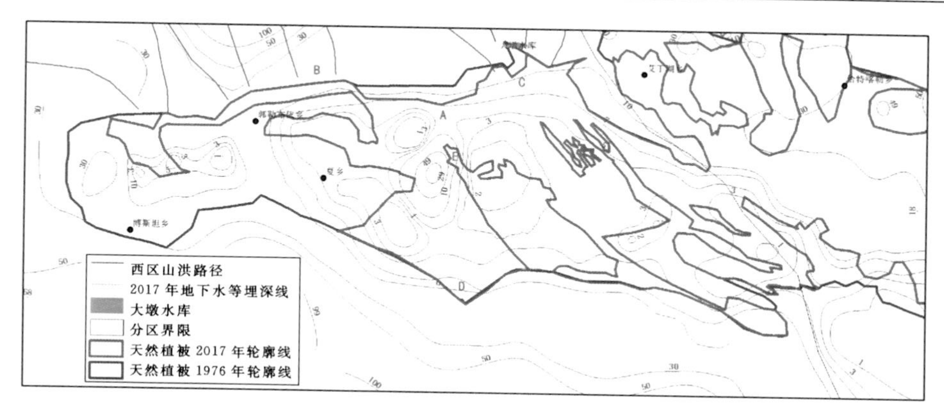

图 4-7 西区 1976 年与 2017 年天然植被范围外包线及 2017 年地下水埋深线叠加图（高程单位：m）

2017 年几乎没有发生改变，这是由于南边界附近几乎没有人类活动，地下水位长期较为稳定。

本研究将植被平均覆盖度在 0.1 以下的区域定义为裸地，基于 1976 年与 2017 年的地物类型及天然植被分布范围界线，经过空间叠加分析，识别出 1976 年为天然植被类型且 2017 年为人工用地或裸地的区域，定义为天然植被明显衰退区。经分析可知西区 1976—2017 年期间典型的天然植被明显衰退区有 6 个，分别将其命名为西 1 区、西 2 区、西区 3、西 4 区、西 5 区、西 6 区，如图 4-8、表 4-1 所示。另外，对 1976 年与 2017 年的天然植被覆盖度进行计算，可得天然植被覆盖度绝对值下降 0.2 以上的区域，将其定义为植被一般衰退区。以上区域的分布如图 4-8 所示。

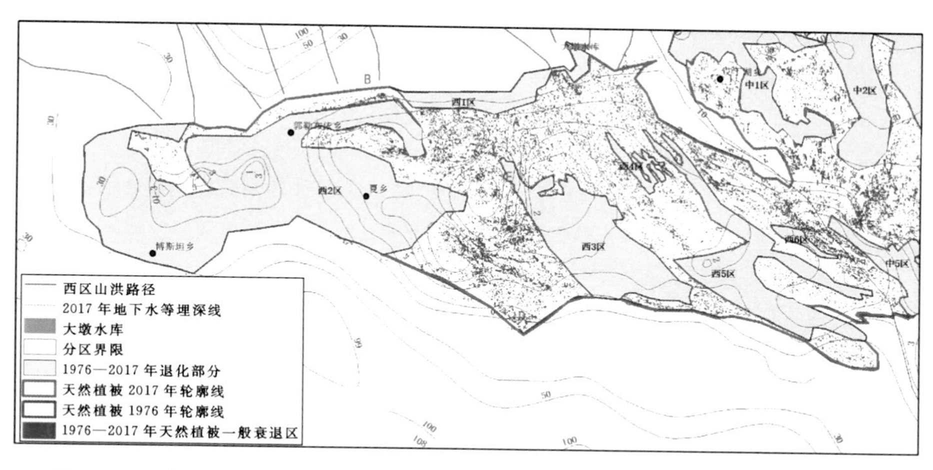

图 4-8 西区 1976—2017 年天然植被明显衰退区与一般衰退区面积及分布情况

由图 4-9 可知，除了以上 6 个典型的衰退区以外，西区天然植被自 1976 年至 2017 年覆盖度下降的区域面积占比大于覆盖度升高的区域面积占比。覆盖度减小的区域面积之和为 241.2km^2，覆盖度增大的区域面积之和为 132.6km^2，总的来说西区天然植被整体向衰退趋势发展。

表 4-1　　西区 1976—2017 年天然植被衰退区平均覆盖度对比

明显衰退区	面积/km^2	1976 年平均覆盖度	1976 年土地类型	2017 年平均覆盖度	2017 年土地类型
西 1 区	26.9	0.215	天然植被	0.052	裸地
西 2 区	253.0	0.553	天然植被	0.557	耕地
西 3 区	84.1	0.338	天然植被	0.031	裸地
西 4 区	6.9	0.184	天然植被	0.052	裸地
西 5 区	72.0	0.204	天然植被	0.026	裸地
西 6 区	4.3	0.347	天然植被	0.020	裸地

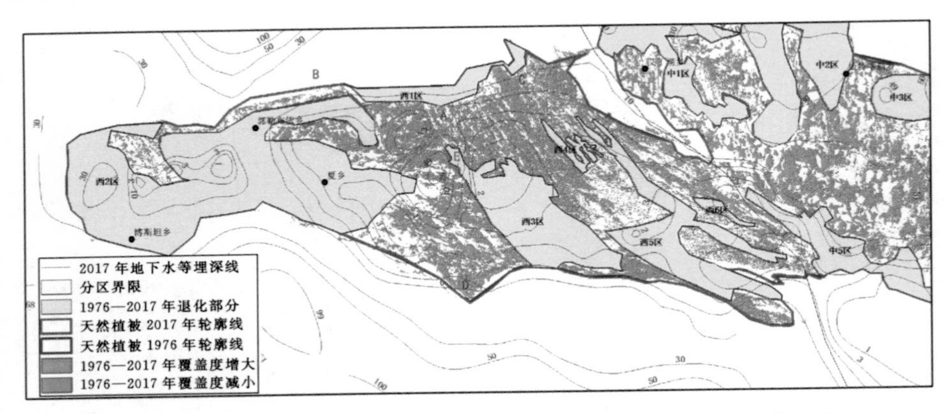

图 4-9　西区 1976—2017 年天然植被明显衰退区与覆盖度变化情况

下面对 6 个典型的天然植被明显衰退区进行分析。

1. 西 1 区

西 1 区位于天然植被的北边界线处，介于 2017 年地下水埋深 7～15m 之间，面积为 26.9km^2。2017 年西 1 区的平均植被覆盖度为 0.052，此处现状地面基本由砂砾覆盖，只有极少量的骆驼刺根系，在有骆驼刺根系的典型样方内的植被根系覆盖度实测值为 10% 左右。根据对西一区进行的野外生态调查可知，1950—1995 年间，西 1 区的骆驼刺一直保持良好长势，有人在这里放羊、放骆驼，还有狼、狐狸和野猪之类的动物，之后生态状况逐渐变差。经过取样和历史资料分析，西 1 区的平均植被覆盖度由 1976 年的 0.215 降为 2017 年的 0.052。

西 1 区是由于长期以来此处的地下水埋深逐渐加大，和地形原因，大部分范围受不到山区的地表水补充，天然植被的北边界线向南迁移而形成的。随着地下水位的不断下降，地表植被群落衰退。固沙植被大量枯死导致风蚀作用加剧，土地沙漠化加剧。在强烈的日照等条件下，巨大的干燥裸露地面在白天成为具体的空气加热器，在晚间则迅速降温，大大加强空气流动，增加灾害性天气的发生。本衰退区内的风沙危害较严重，多西北大风，暴风伴随干旱、降温、流沙、盐尘；吹折、吹干植物嫩苗、落花、落果；农田土壤风蚀或积沙；吹毁地膜、大棚；堵塞水渠、坎尔井；破坏交通、通信设施。天然植被的明显退化对生态环境与社会造成的危害极度严重，见图 4-10。

西 1 区的北部为山区，南部为吐托公路，西部山区有明显的洪水冲痕，根据地形高程，北山区洪水的地表补充范围如图 4-11 所示。将西 1 区进一步细分为两部分：不受山

区洪水补充的西1区a区，受到洪水补充的西1区b区，见图4-11。

西1区a区为不受地表水补充的区域，根据野外生态调查，西1区在20世纪六七十年代有泉水出露，也有坎儿井，而西1区a区由于地形原因，此处长期以来受不到山区的地表水补充，且随着地下水埋深的加大，西1区天然植被的边界线a区处向南迁移了2.2km，地下水从1976年的能够有泉水出露到2017年已经下降至埋深为10m，且衰退

图4-10 西1区天然植被衰退现状

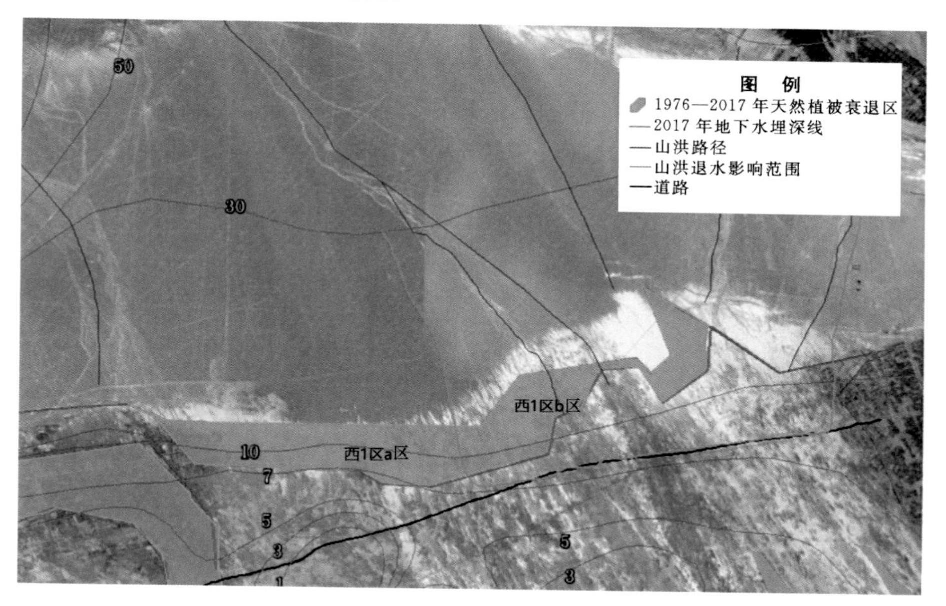

图4-11 西1区1976—2017年天然植被轮廓线及2017地下水埋深线

之后的天然植被边界线a区大致与地下水埋深7m等埋深线相重合，现状超过7m埋深线的以北方向为裸地，小于7m埋深线的以南方向分布有天然植被。由此推断在不受山洪等地表水补充的西1区a区情形下，西区的生态地下水埋深上限约为7m。

西1区b区为受到山区洪水补充的区域，此处天然植被轮廓线向南迁移距离较小，天然植被边界线在2017年的埋深大致在10～20m。由此推断在受到山洪地表水补充的西1区b区情形下，西区的生态地下水埋深上限为10～20m。

2. 西2区

西2区位于博斯坦乡、郭勒布依乡、夏乡周边，是由于天然植被转化为人工植被而形成的，面积为253km^2。经过统计分析，西2区的平均植被覆盖度由1976年的0.553变为2017年的0.557，这处区域的植被发生衰退的主要原因是受到人类活动的影响，扩大的耕地范围侵占了原有的天然植被，见图4-12。

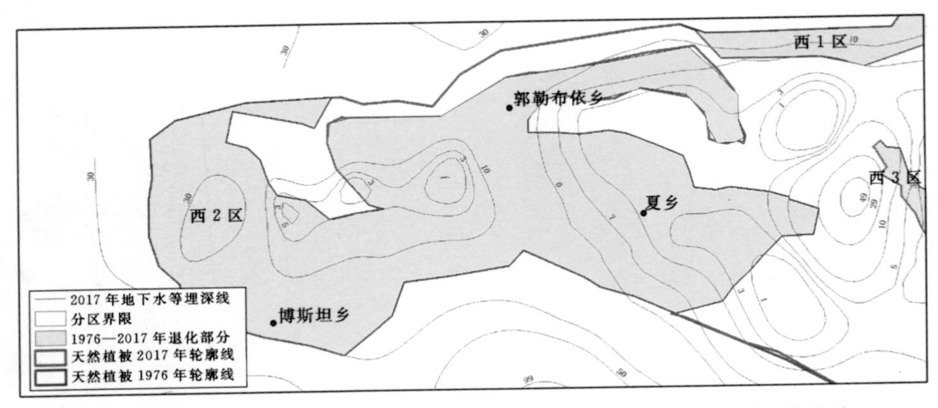

图 4－12　西 2 区 1976—2017 年天然植被轮廓线及 2017 年地下水埋深线

3. 西 3 区、西 4 区、西 5 区、西 6 区

西 3 区、西 4 区、西 5 区、西 6 区位于西区的中下游地区，面积分别是 84.1km^2、6.9km^2、72.0km^2、4.3km^2，经过统计分析，西 3 区的平均植被覆盖度由 1976 年的 0.338 变为 2017 年的 0.031；西 4 区的平均植被覆盖度由 1976 年的 0.184 变为 2017 年的 0.052；西 5 区的平均植被覆盖度由 1976 年的 0.204 变为 2017 年的 0.026；西 6 区的平均植被覆盖度由 1976 年的 0.347 变为 2017 年的 0.020，见图 4－13。

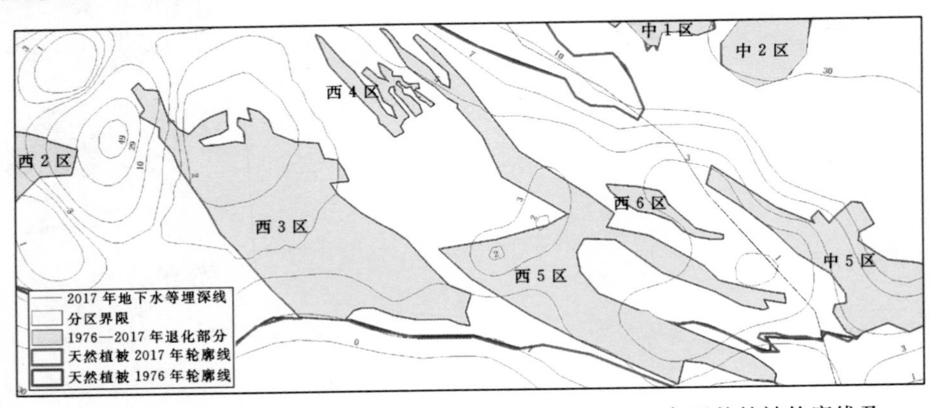

图 4－13　西 3 区、西 4 区、西 5 区、西 6 区 1976—2017 年天然植被轮廓线及 2017 年地下水埋深线

图 4－14 中西 3 区 E 处的地下水埋深梯度较大，自东向西仅 1.5km 的距离上，地下水埋深从 2m 降低到 30m 左右，较大的地下水漏斗使周边地下水流场发生改变，真正的原因有待下一步研究。

除图 4－14 中 E 处以外，衰退区西 3 区、西 4 区、西 5 区、西 6 区位置的地下水埋深较浅，见图 4－15，地下水埋深均在 2～5m。此处区域植被衰退的原因还有待探明，可能与白杨河或北部山区河流的洪水洪泛区或土壤含盐量有关。

4.1.2　西区天然植被 1976—2010 年变化

根据图 4－16、图 4－17 中西区的 1976 年与 2010 年天然植被与人工植被分布范围，

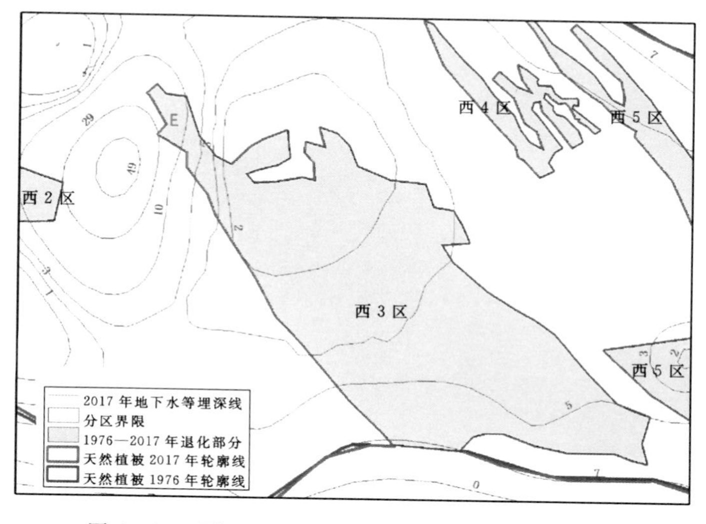

图4-14　西3区E处2017年地下水埋深分布情况

图4-15　西3区植被明显衰退现状及地貌

可将1976年与2010年天然植被分布范围轮廓线分别勾勒出来并叠加显示，如图4-18所示。

由图4-18可以看出，1976—2010年期间，西区植被区域轮廓在郭勒布依乡东侧、艾丁湖乡西侧的北边界线明显向南发生迁移（图4-18中A处所示），且迁移后的边界线与7m埋深线基本重合。

而图4-18中B处、C处的天然植被轮廓北边界线没有发生明显迁移，此处天然植被边界线在2010年的埋深大致在20～30m左右，B处与C处北侧均为山地且存在山洪冲沟，能够受到洪水的补充，并且C处上游有一座大墩水库，能够受到上游大墩水库渗漏

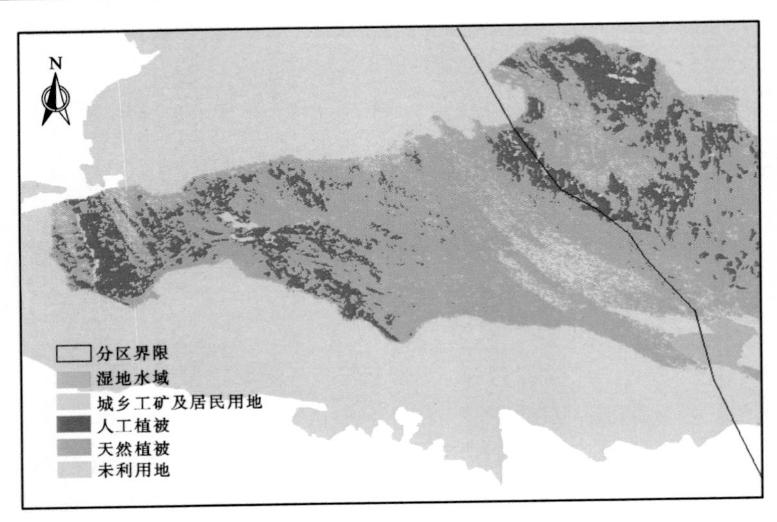

图 4-16　西区 1976 年天然植被与人工植被分布图

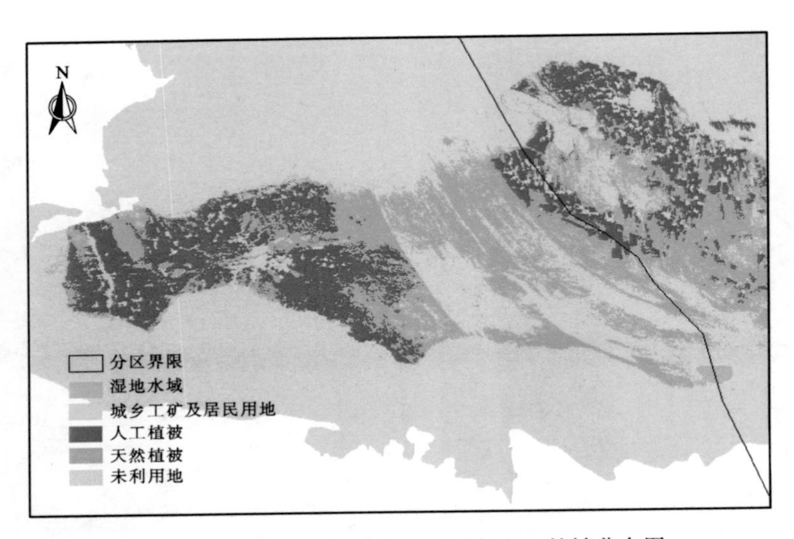

图 4-17　西区 2010 年天然植被与人工植被分布图

来水补充，由于 B 处、C 处受到地表水的来水补给可以维持天然植被的生长，所以 B 处、C 处的天然植被北边界线没有发生较大迁移。图中 D 处的植被区域轮廓南边界线在 1976—2010 年几乎没有发生改变，这是由于南边界附近几乎没有人类活动，地下水位长期较为稳定。

本研究将植被平均覆盖度在 0.1 以下的区域定义为裸地，基于 1976 年与 2010 年的地物类型及天然植被分布范围界线，经过空间叠加分析，识别出 1976 年为天然植被类型且 2010 年为人工用地或裸地的区域，定义为天然植被明显衰退区。经分析可知西区 1976—2010 年期间典型的天然植被明显衰退区有 6 个，分别将其命名为西 1 区、西 2 区、西区 3、西 4 区、西 5 区、西 6 区，如图 4-19、表 4-2 所示。另外，对 1976 年与 2010 年的天然植被覆盖度进行计算，可得天然植被覆盖度绝对值下降 0.2 以上的区域，将其定义为

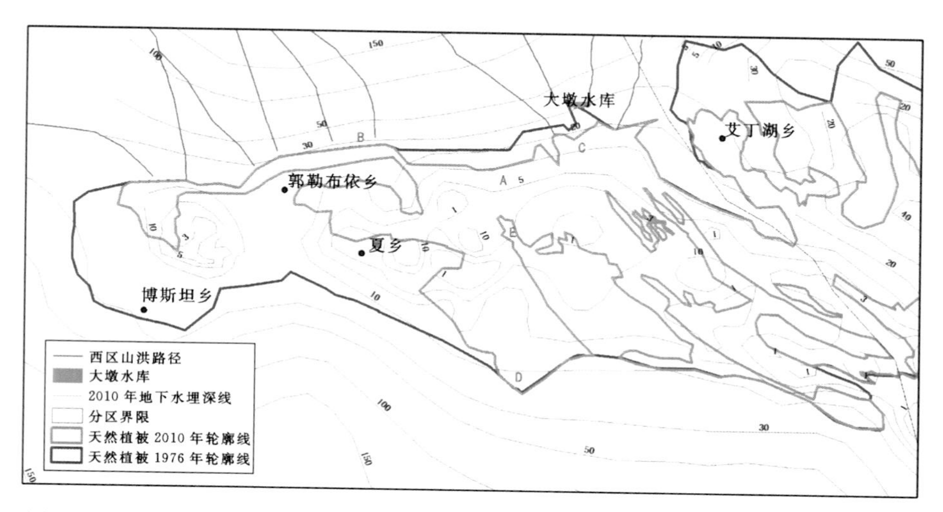

图 4-18　西区 1976 年与 2010 年天然植被范围外包线及 2010 年地下水埋深线叠加图

植被一般衰退区。以上区域的分布如图 4-19 所示。

表 4-2　　西区 1976—2010 年天然植被衰退区平均覆盖度对比

明显衰退区	面积/km^2	1976 年平均覆盖度	1976 年土地类型	2010 年平均覆盖度	2010 年土地类型
西 1 区	293.9	0.571	天然植被	0.618	耕地
西 2 区	33.4	0.219	天然植被	0.051	裸地
西 3 区	84.1	0.338	天然植被	0.035	裸地
西 4 区	6.9	0.184	天然植被	0.071	裸地
西 5 区	88.6	0.205	天然植被	0.026	裸地
西 6 区	4.3	0.346	天然植被	0.062	裸地

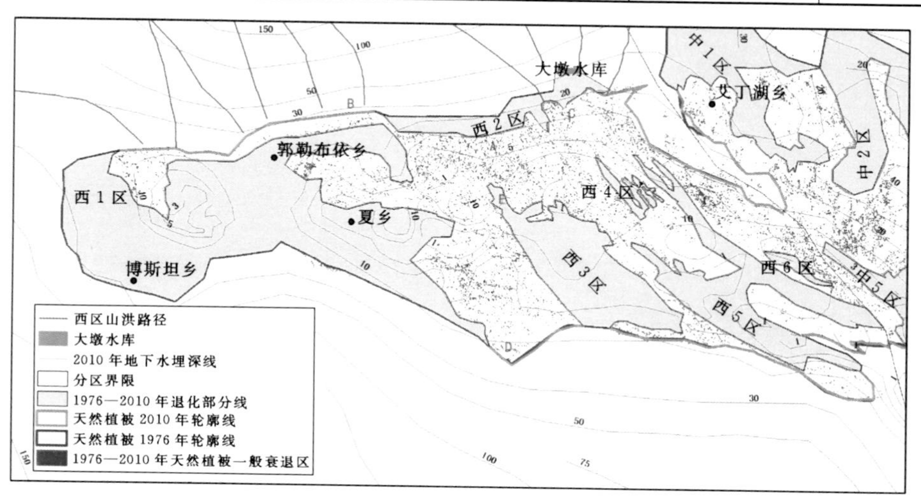

图 4-19　西区 1976—2010 年天然植被明显衰退区与一般衰退区面积及分布情况

下面对 6 个典型的天然植被明显衰退区进行分析。

1. 西 1 区

西 1 区位于博斯坦乡、郭勒布依乡、夏乡周边，是由于天然植被转化为人工植被而形成的，面积为 294km²。经过统计分析，西 1 区的平均植被覆盖度由 1976 年的 0.571 变为 2017 年的 0.618，这处区域的植被发生衰退的主要原因是受到人类活动的影响，扩大的耕地范围侵占了原有的天然植被，见图 4－20。

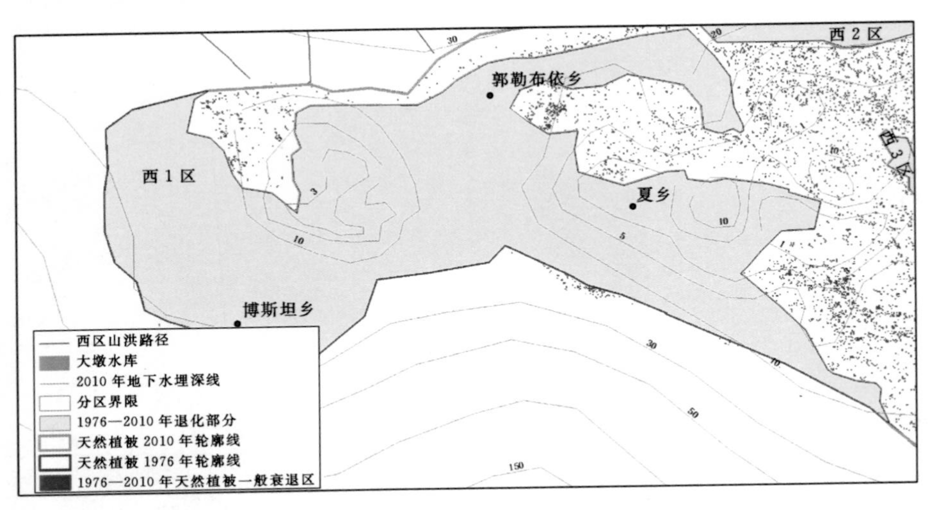

图 4－20　西 1 区 1976—2010 年天然植被轮廓线及 2010 年地下水埋深线

2. 西 2 区

西 2 区是由于长期以来此处的地下水埋深逐渐加大和地形原因，大部分范围受不到山区的地表水补充，天然植被的北边界线向南迁移而形成的。西 2 区 2010 年地下水埋深介于 7～30m 之间，面积为 33km²。而经过取样和历史资料分析，西 2 区的平均植被覆盖度由 1976 年的 0.219 降为 2010 年的 0.051，见图 4－21。

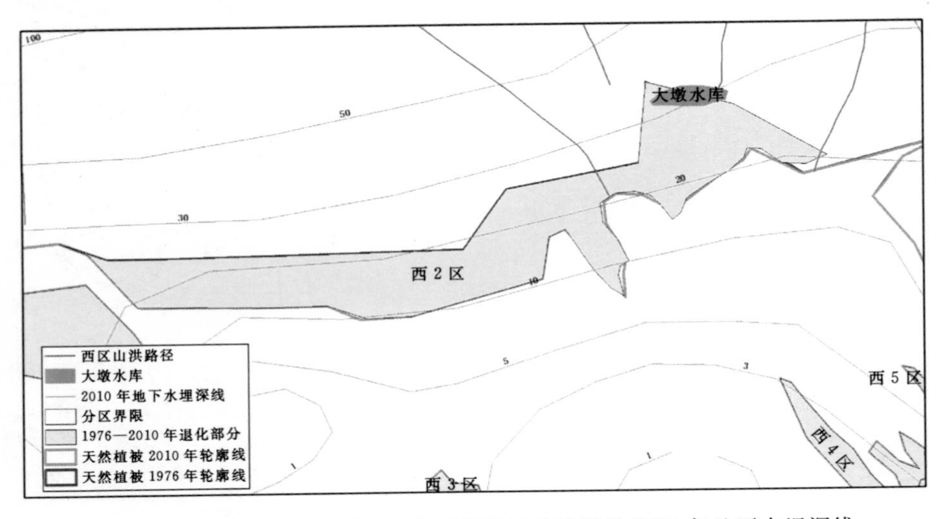

图 4－21　西 2 区 1976—2010 年天然植被轮廓线及 2010 年地下水埋深线

西 2 区的北部为山区，南部为吐托公路，西部山区有明显的洪水冲痕，根据地形高程，北山区洪水的地表补充范围图如下图所示。进而西 2 区进一步细分为两部分：不受山区洪水补充的西 2 区 a 区，受到洪水补充的西 2 区 b 区，见图 4-22。

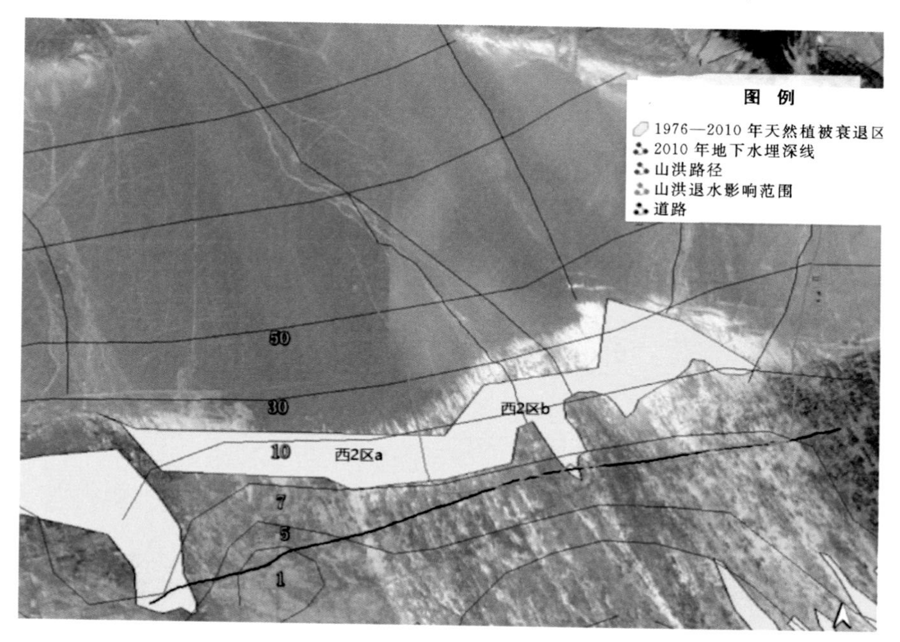

图 4-22 西 2 区 1976—2010 年天然植被轮廓线及 2010 年地下水埋深线卫星图

西 2 区 a 区为不受地表水补充的区域，根据野外生态调查，西 2 区在 20 世纪六七十年代有泉水出露，也有坎儿井，而西 1 区 a 区由于地形原因，此处长期以来受不到山区的地表水补充，且随着地下水埋深的加大，西 2 区天然植被的边界线 a 区处向南迁移了 1.5km，边界位置上的地下水从 1976 年的能够有泉水出露到 2010 年已经下降至埋深为 7m 左右，据此推测出在不受山洪等地表水补充的情形下，2010 年西区天然植被的生态地下水埋深上限约为 7m。

西 2 区 b 区为能够受到山区洪水补充的区域，此处天然植被轮廓线向南迁移距离较小，天然植被边界线在 2010 年的埋深大致在 20m 左右。由此推断在受到山洪地表水补充的西 2 区 b 区情形下，西区的生态地下水埋深上限约为 20m。

以上结论与 4.1.1 节推断的在不受山洪等地表水补充的情形下，生态地下水埋深上限约为 7m，受到山洪地表水补充的情形下，西区的生态地下水埋深上限为 10～20m 的结论是基本一致的。

3. 西 3 区、西 4 区、西 5 区、西 6 区

西 3 区、西 4 区、西 5 区、西 6 区位于西区的中下游地区，见图 4-23。面积分别是 84.1km^2、6.9km^2、88.6km^2、4.3km^2，经过统计分析，西 3 区的平均植被覆盖度由 1976 年的 0.338 变为 2010 年的 0.035；西 4 区的平均植被覆盖度由 1976 年的 0.184 变为 2010 年的 0.071；西 5 区的平均植被覆盖度由 1976 年的 0.205 变为 2010 年的 0.026；西 6 区的平均植被覆盖度由 1976 年的 0.346 变为 2010 年的 0.062。

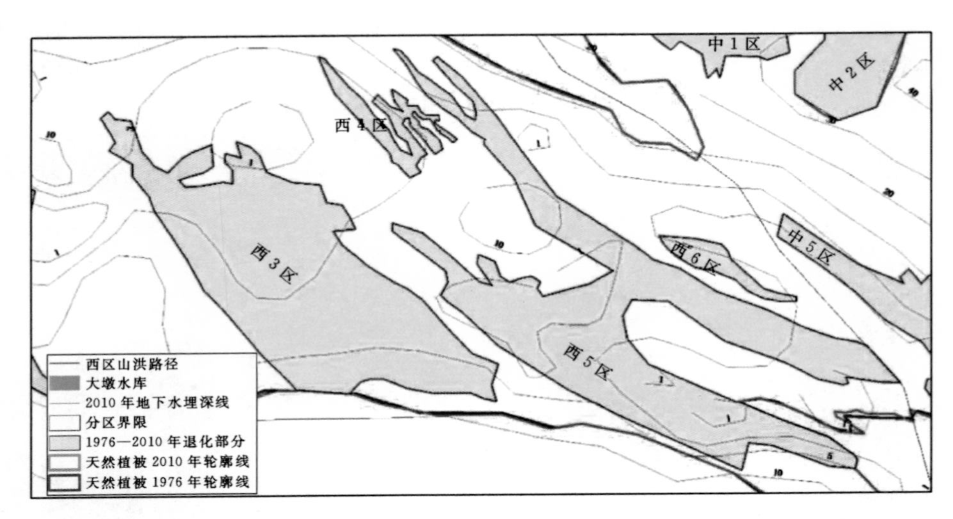

图 4-23　西 3 区、西 4 区、西 5 区、西 6 区 1976—2010 年天然植被轮廓线及 2010 年地下水埋深线

衰退区西 3 区、西 4 区、西 5 区、西 6 区位置的地下水埋深较浅，地下水埋深均为 1～5m，此处区域植被衰退的原因可能与此区域位于白杨河的洪泛区或艾丁湖的湖泊消落区有关。

4.1.3　西区天然植被 2010—2017 年变化

根据图 4-24、图 4-25 所示中西区的 2010 年与 2017 年天然植被与人工植被分布范围，可将 2010 年与 2017 年天然植被分布范围轮廓线分别勾勒出来并叠加显示，如图 4-26 所示。

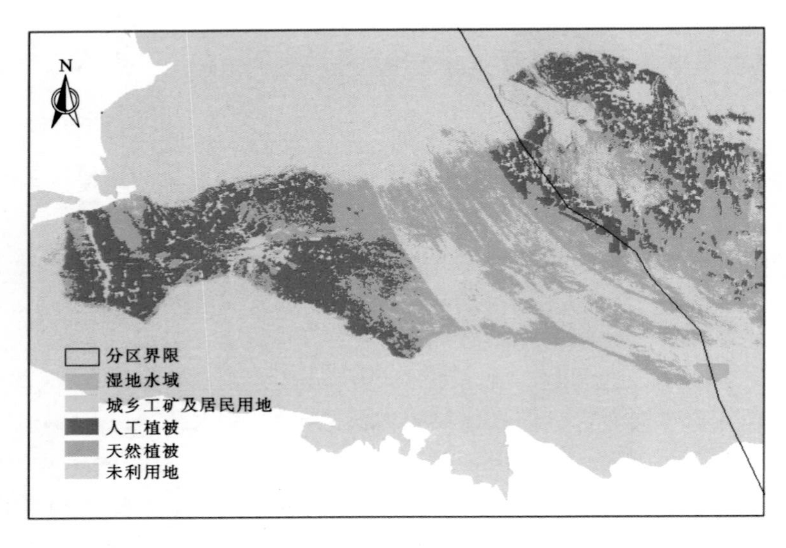

图 4-24　西区 2010 年天然植被与人工植被分布图

图 4-25 西区 2017 年天然植被与人工植被分布图

由图 4-26 可以看出，2010—2017 年期间，在图中 A 处、B 处西区植被区域轮廓线发生了向内部萎缩的迁移，在图中 C 处、D 处、E 处、F 处西区植被区域轮廓线发生了向外部扩张的迁移。

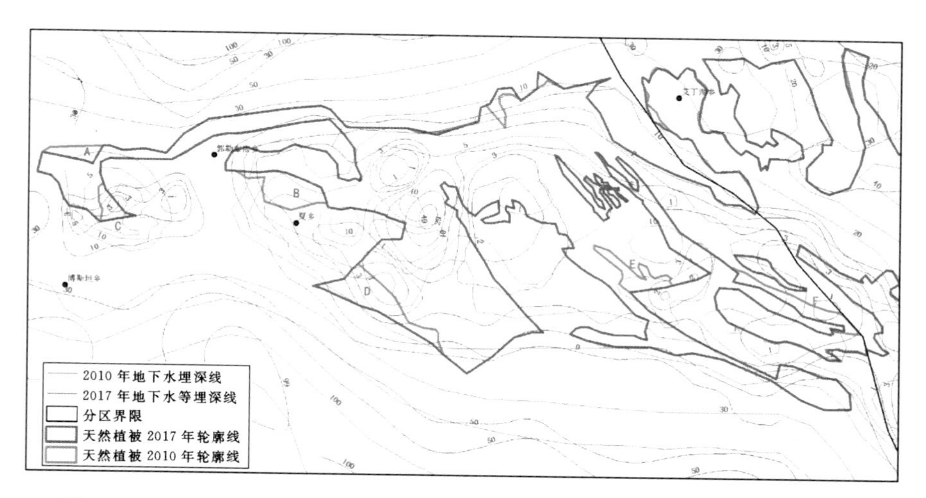

图 4-26 西区 2010 年及 2017 年天然植被范围外包线与地下水埋深线叠加图

1. 退化情况

本研究将植被平均覆盖度在 0.1 以下的区域定义为裸地。基于 2010 年与 2017 年的地物类型及天然植被分布范围界线，经过空间叠加分析，识别出 2010 年为天然植被类型且 2017 年为人工用地或裸地的区域，定义为天然植被明显衰退区。经分析可知西区 2010—2017 年期间典型的天然植被明显衰退区有 3 个，分别将其命名为西 1 区、西 2 区、西 3 区。另外，对 2010 与 2017 年的天然植被覆盖度进行计算，可得天然植被覆盖度绝对值下降 0.2 以上的区域，将其定义为植被一般衰退区。以上区域的分布如图 4-27、表 4-3 所示。

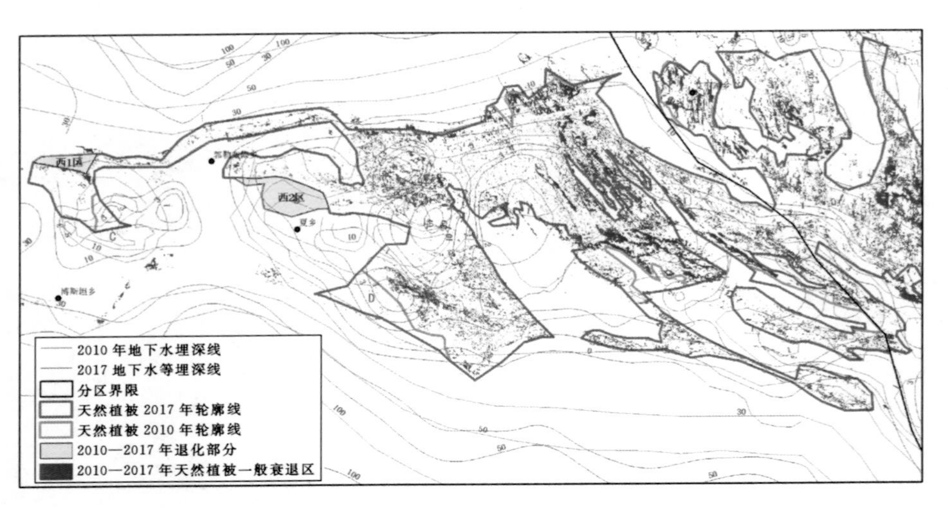

图 4-27　西区 2010—2017 年天然植被明显衰退区与一般衰退区面积及分布情况

表 4-3　　西区 2010—2017 年天然植被衰退区平均覆盖度对比

明显衰退区	面积/km^2	2010 年平均覆盖度	2010 年土地类型	2017 年平均覆盖度	2017 年土地类型
西 1 区	4.2	0.229	天然植被	0.092	裸地
西 2 区	12.7	0.439	天然植被	0.468	城乡工矿及居民用地

下面对 2 个典型的天然植被明显衰退区进行分析。

(1) 西 1 区。西 1 区 2010 年地下水埋深约 10m，2017 年地下水埋深约 30m，面积为 4.2km^2。平均植被覆盖度从 2010 年的 0.229 降为 2017 年的 0.092。天然植被退化原因是地下水埋深的下降导致天然植被减少。

(2) 西 2 区。西 2 区 2010 年与 2017 年地下水埋深一般为 3～5m，基本没发生变化，面积为 12.7km^2。平均植被覆盖度从 2010 年的 0.439 变为 2017 年的 0.468。天然植被退化原因是城乡工矿用地的扩张导致天然植被减少。

2. 扩张情况

识别出 2010 年为人工用地或裸地类型且 2017 年为天然植被的区域，定义为天然植被明显扩张区。经分析可知西区，2010—2017 年期间典型的天然植被明显扩张区有 5 个，分别将其命名为西 1 区、西 2 区、西 3 区、西 4 区，如图 4-28、表 4-4 所示。另外，对 2010 年与 2017 年的天然植被覆盖度进行计算，可得天然植被覆盖度绝对值上升 0.2 以上的区域，将其定义为植被一般扩张区。以上区域的分布如图 4-28 所示。

表 4-4　　西区 2010—2017 年天然植被扩张区平均覆盖度对比

明显衰退区	面积/km^2	2010 年平均覆盖度	2010 年土地类型	2017 年平均覆盖度	2017 年土地类型
西 1 区	3.9	0.690	耕地	0.590	天然植被
西 2 区	16.9	0.635	耕地	0.588	天然植被
西 3 区	7.6	0.020	裸地	0.144	天然植被
西 4 区	9.1	0.010	裸地	0.235	天然植被

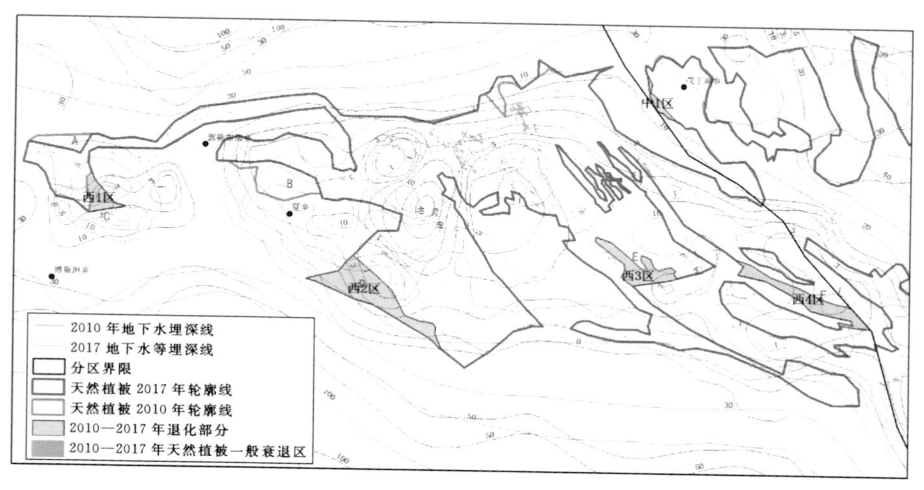

图 4-28 西区 2010—2017 年天然植被明显扩张区与一般扩张区面积及分布情况

下面对 4 个典型的天然植被明显扩张区进行分析。

(1) 西 1 区。西 1 区 2010 年、2017 年地下水埋深约 3m，基本没变化，面积为 3.9km^2。平均植被覆盖度从 2010 年的 0.690 变为 2017 年的 0.590。天然植被扩张原因可能是由于退耕还草导致。

(2) 西 2 区。西 2 区 2010 年地下水埋深一般为 5～7m，2017 年地下水埋深一般为 1～5m，面积为 16.9km^2。平均植被覆盖度从 2010 年的 0.635 变为 2017 年的 0.588。天然植被扩张原因可能是由于退耕还草以及地下水位升高导致。

(3) 西 3 区。西 3 区 2010 年地下水埋深一般为 1～10m，变化梯度大；2017 年地下水埋深约 3m，变化梯度小；面积为 7.6km^2。平均植被覆盖度从 2010 年的 0.020 变为 2017 年的 0.144。原因尚不清楚。可能和白杨河洪水泛滥有关系。

(4) 西 4 区。西 4 区 2010 年、2017 年地下水埋深一般为 1～3m，基本没发生变化；面积为 9.1km^2。平均植被覆盖度从 2010 年的 0.010 变为 2017 年的 0.235。

4.2 中区地下水埋深与天然植被退化情况

4.2.1 中区天然植被 1976—2017 年变化

根据图 4-29、图 4-30 所示中区的 1976 年与 2017 年天然植被与人工植被分布范围，可将 1976 年与 2017 年天然植被分布范围轮廓线分别勾勒出来并叠加显示，如图 4-31 所示。

1976—2017 年期间，中区植被区域轮廓北边界线明显向南发生迁移；轮廓南边界线明显向北发生迁移，见图 4-31。

基于 1976 年与 2017 年的地物类型及天然植被分布范围界线，经过空间叠加分析，识别出 1976 年为天然植被类型且 2017 年为人工用地或裸地的区域，定义为天然植被明显衰

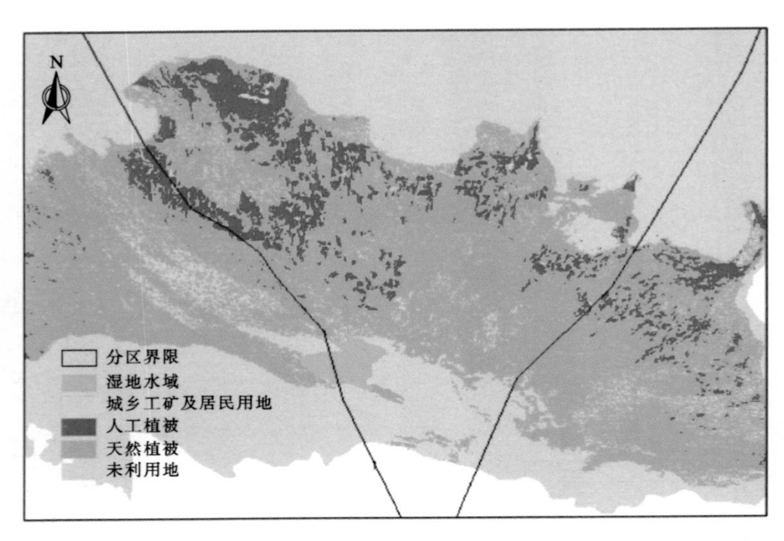

图 4-29　中区 1976 年天然植被与人工植被分布图

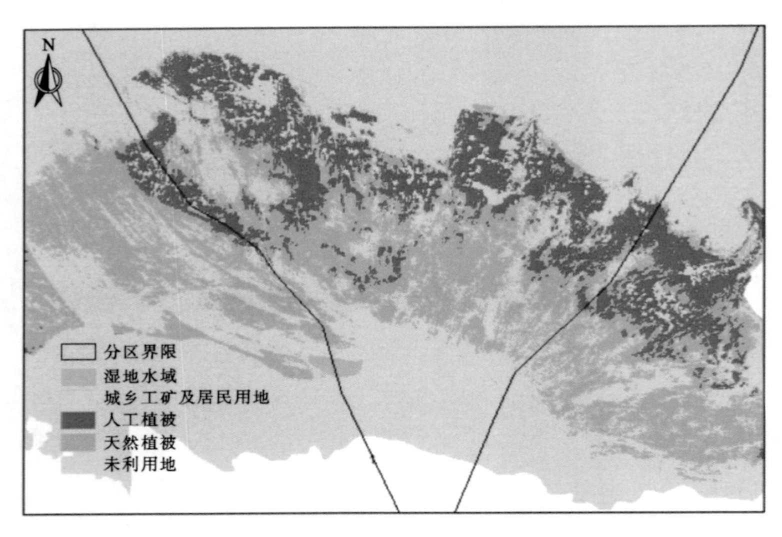

图 4-30　中区 2017 年天然植被与人工植被分布图

退区。经分析可知中区 1976—2017 年期间典型的天然植被明显衰退区有 5 个，分别将其命名为中 1 区、中 2 区、中 3 区、中 4 区、中 5 区，如图 4-32、表 4-5 所示。另外，对 1976 年与 2017 年的天然植被覆盖度进行计算，可得天然植被覆盖度绝对值下降 0.2 以上的区域，将其定义为植被一般衰退区。以上区域的分布如图 4-32 所示。

表 4-5　　中区 1976—2017 年天然植被衰退区平均覆盖度对比

明显衰退区	面积/km^2	1976 年平均覆盖度	1976 年土地类型	2017 年平均覆盖度	2017 年土地类型
中 1 区	90.4	0.285	天然植被	0.200	耕地
中 2 区	77.4	0.461	天然植被	0.485	耕地

续表

明显衰退区	面积/km^2	1976 年平均覆盖度	1976 年土地类型	2017 年平均覆盖度	2017 年土地类型
中 3 区	165.5	0.307	天然植被	0.432	耕地
中 4 区	17.2	0.195	天然植被	0.024	裸地
中 5 区	73.5	0.120	天然植被	0.013	裸地

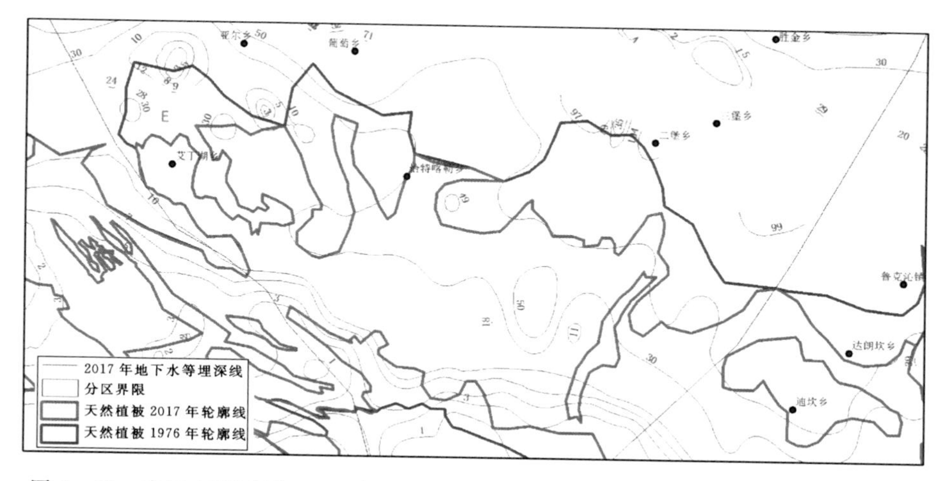

图 4-31　中区 1976 年与 2017 年天然植被范围外包线及 2017 年地下水埋深线叠加图

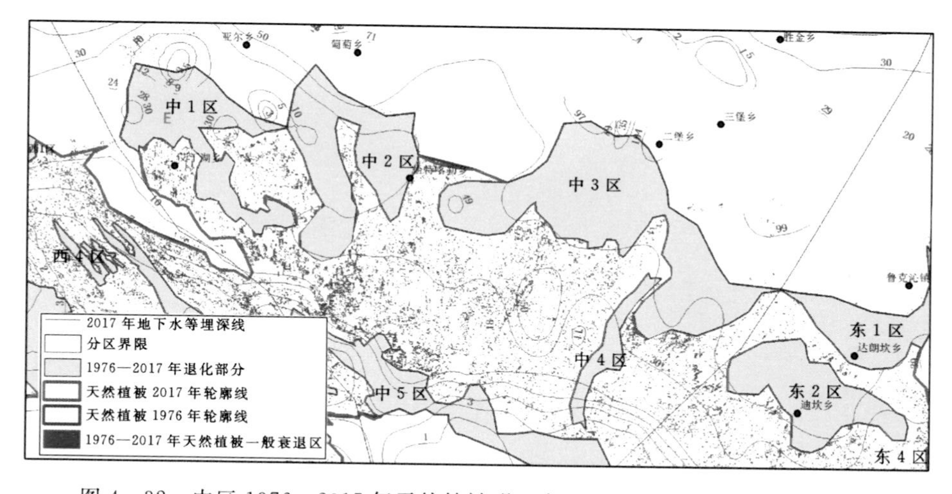

图 4-32　中区 1976—2017 年天然植被明显衰退区与一般衰退区面积及分布

由图 4-33 可知，除了以上 5 个典型的衰退区以外，中区天然植被自 1976—2017 年覆盖度下降的区域面积大于覆盖度升高的区域面积。且覆盖度减小的区域面积之和为 215.1km^2，覆盖度增大的区域面积之和为 144.4km^2，总的来说中区天然植被整体向衰退趋势发展。

下面对 5 个典型的天然植被明显衰退区进行分析。

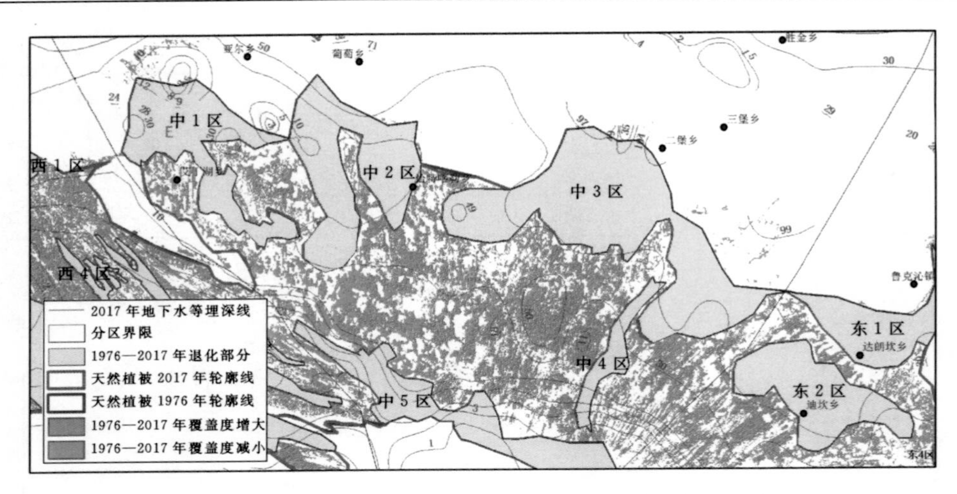

图 4－33　中区 1976—2017 年天然植被明显衰退区与覆盖度变化情况

1. 中 1 区、中 2 区、中 3 区

中 1 区、中 2 区、中 3 区分别位于艾丁湖乡、恰特喀勒乡、二堡乡周边，见图 4－34，是由于天然植被转化为人工植被而形成的，面积分别为 90.4km^2、77.4km^2、165.5km^2。经过统计分析，中 1 区的平均植被覆盖度由 1976 年的 0.285 变为 2017 年的 0.200；中 2 区的平均植被覆盖度由 1976 年的 0.461 变为 2017 年的 0.485；中 3 区的平均植被覆盖度由 1976 年的 0.307 变为 2017 年的 0.432。这三处区域的植被发生衰退的主要原因是受到人类活动的影响，扩大的耕地范围侵占了原有的天然植被。

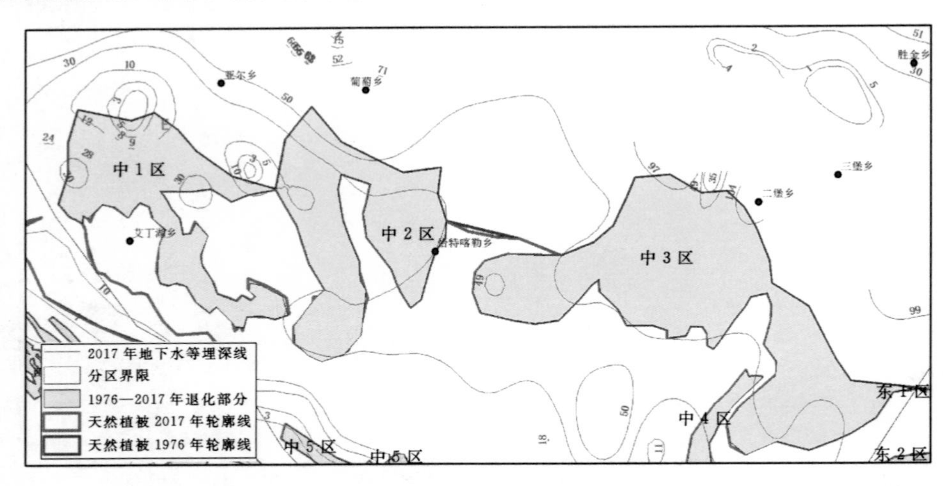

图 4－34　中 1 区、中 2 区、中 3 区 1976—2017 年天然植被轮廓线及 2017 年地下水埋深线

2. 中 4 区

中 4 区位于中区的中下游地区，见图 4－35，面积是 17.2km^2，经过统计分析，中 4 区的平均植被覆盖度由 1976 年的 0.195 变为 2017 年的 0.024。中 4 区在南北方向呈一条狭长的带状，南北长 13km，东西宽 1km，地下水埋深为 3～40m，地下水埋深跨度较大，可能是土壤表层含盐量和洪水泛滥的原因形成的。

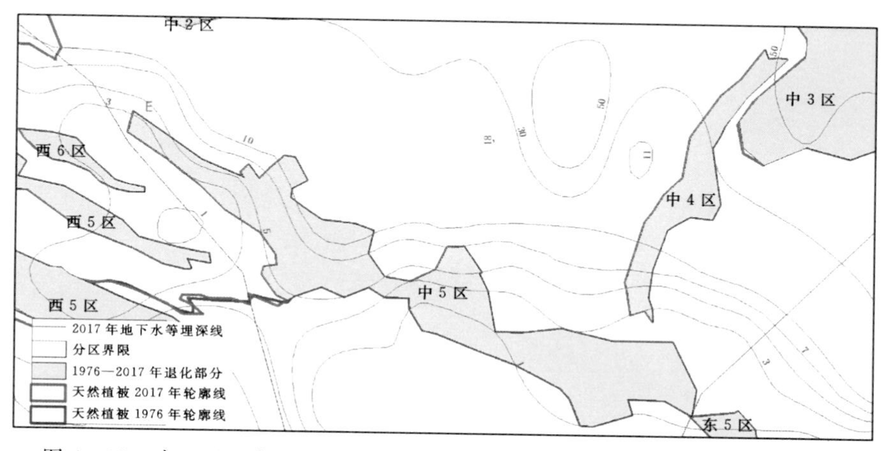

图4-35 中4区、中5区1976—2017年天然植被轮廓线及2017地下水埋深

3. 中5区

中5区位于中区的中下游地区，面积是73.5km²，经过统计分析，中5区的平均植被覆盖度由1976年的0.120变为2017年的0.013。中5区在东西方向呈一条狭长的带状，南北长约2km，东西宽约26km，地下水埋深较浅，在1～10m之间。可能是土壤表层含盐量和洪水泛滥的原因形成的。

对大埋深区域存在植被的原因进行分析，发现中区2017年地下水埋深在10～50m仍有天然植被的分布，如图4-36所示。根据卫星影片可以看出，此上游区域存在大量人工绿洲，且地表分布有许多河沟，为灌溉退水沟或上游山区洪水冲刷的冲沟，因此在地下水埋深为10～50m范围内受现状地表水补充的影响，也能使天然植被存活，分布有两片面

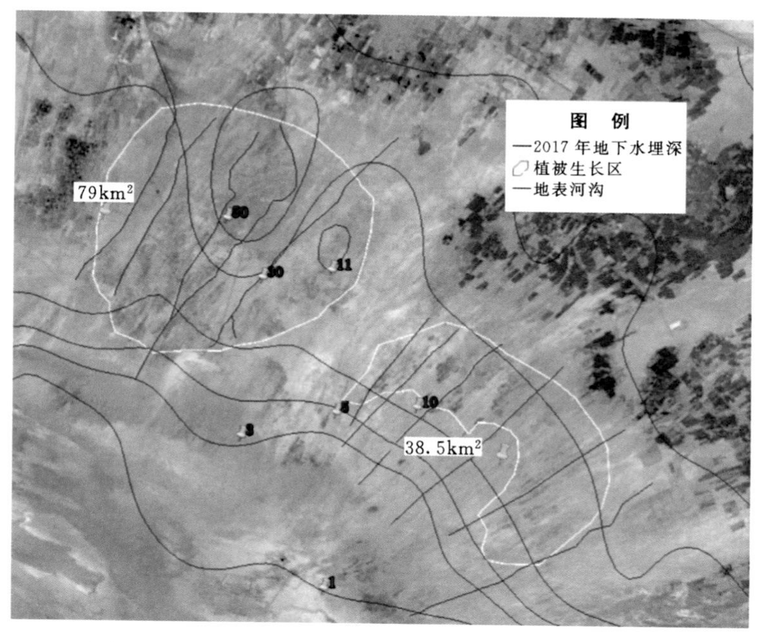

图4-36 中区卫星影片与2017年地下水埋深线叠加图

积为 79km²、38.5km² 天然植被存活区。但此区域现状的地表水补充情况受气候和节水措施等不确定性因素的影响较大，一旦没有地表水的补给，10～50m 地下水埋深区域的天然植被将受到威胁。

4.2.2　中区天然植被 1976—2010 年变化

根据图 4－37、图 4－38 所示中区的 1976 年与 2010 年天然植被与人工植被分布范围，可将 1976 年与 2010 年天然植被分布范围轮廓线分别勾勒出来并叠加显示，如图 4－39 所示。

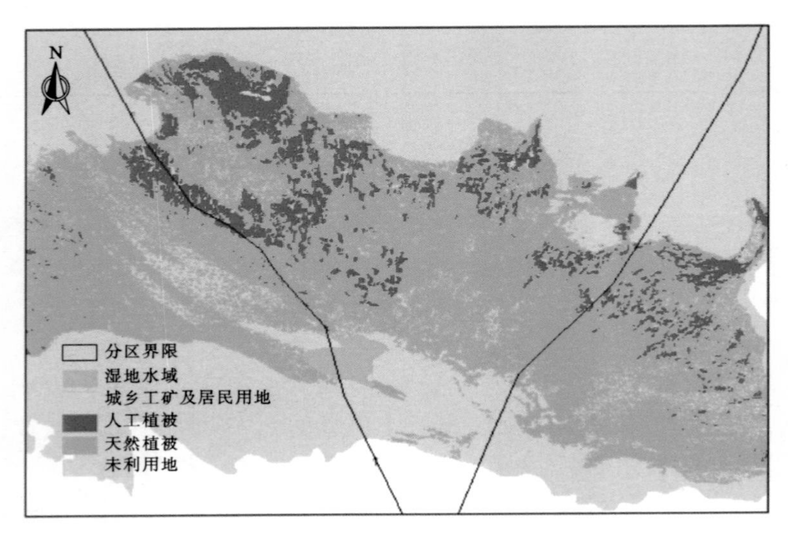

图 4－37　中区 1976 年天然植被与人工植被分布图

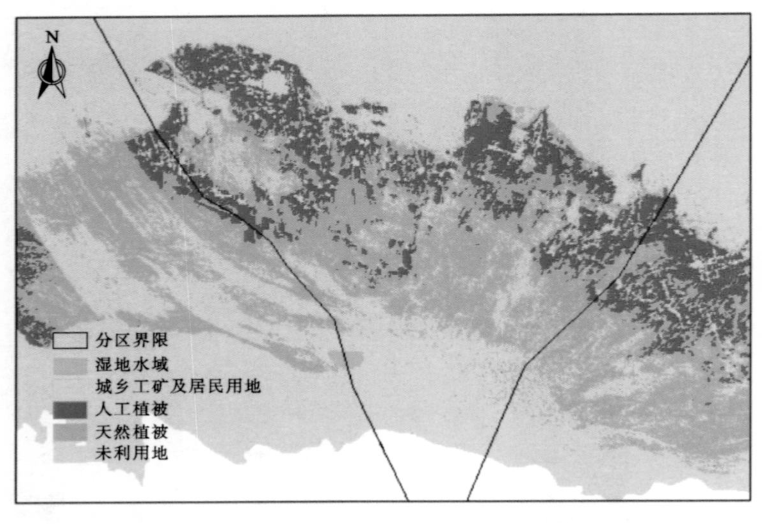

图 4－38　中区 2010 年天然植被与人工植被分布图

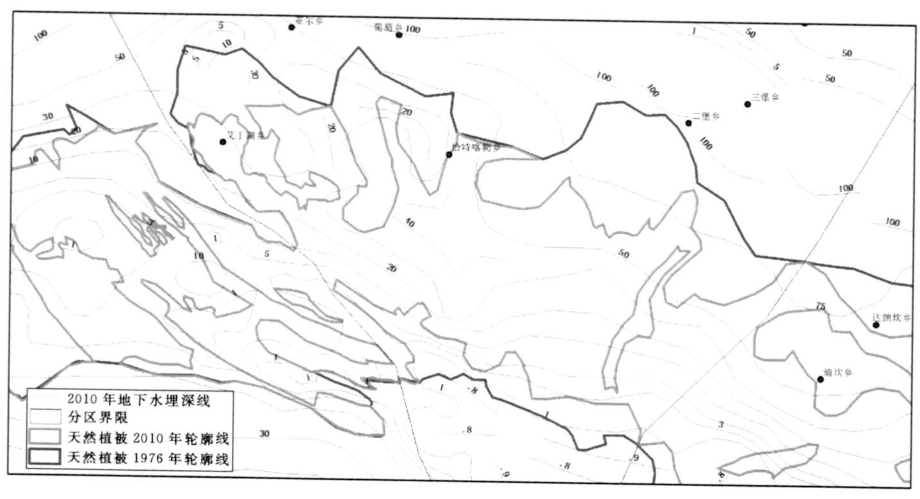

图 4-39　中区 1976 年与 2010 年天然植被范围外包线及 2010 年地下水埋深线叠加图

1976—2010 年期间，中区植被区域轮廓北边界线明显向南发生迁移；轮廓南边界线明显向北发生迁移，见图 4-39。

基于 1976 年与 2010 年的地物类型及天然植被分布范围界线，经过空间叠加分析，识别出 1976 年为天然植被类型且 2010 年为人工用地或裸地的区域，定义为天然植被明显衰退区。经分析可知中区 1976—2010 年期间典型的天然植被明显衰退区有 5 个，分别将其命名为中 1 区、中 2 区、中 3 区、中 4 区、中 5 区，如图 4-40、表 4-6 所示。另外，对 1976 年与 2010 年的天然植被覆盖度进行计算，可得天然植被覆盖度绝对值下降 0.2 以上的区域，将其定义为植被一般衰退区。以上区域的分布如图 4-40 所示。

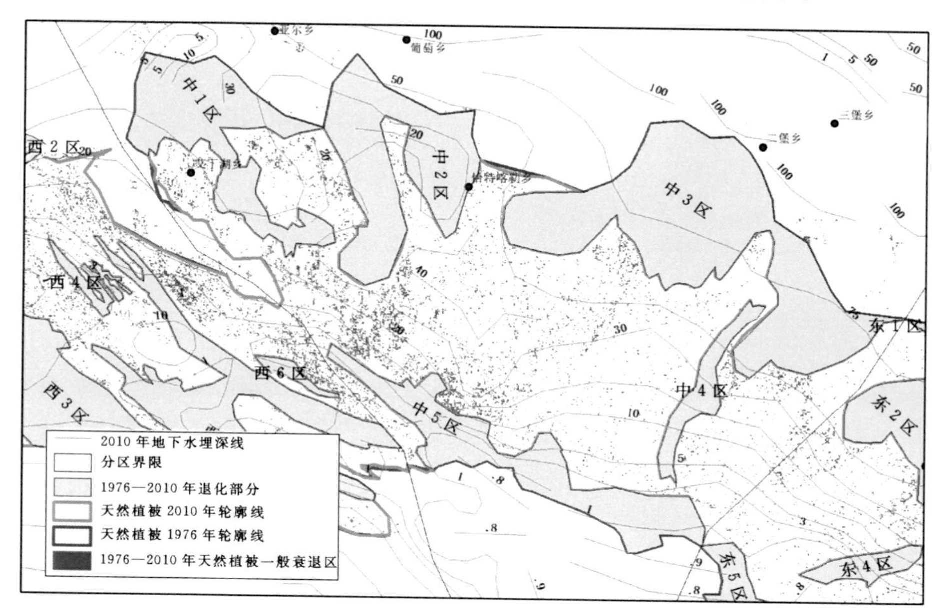

图 4-40　中区 1976—2010 年天然植被明显衰退区与一般衰退区面积及分布情况

表4-6 中区1976—2010年天然植被衰退区平均覆盖度对比

明显衰退区	面积/km^2	1976年平均覆盖度	1976年土地类型	2010年平均覆盖度	2010年土地类型
中1区	75.2	0.309	天然植被	0.214	耕地
中2区	90.3	0.482	天然植被	0.509	耕地
中3区	172.2	0.310	天然植被	0.519	裸地
中4区	17.8	0.264	天然植被	0.068	裸地
中5区	73.6	0.108	天然植被	0.038	裸地

下面对5个典型的天然植被明显衰退区进行分析。

1. 中1区、中2区、中3区

如图4-41所示，中1区、中2区、中3区分别位于艾丁湖乡、恰特喀勒乡、二堡乡周边，是由于天然植被转化为人工植被而形成的。这三处区域的植被发生衰退的主要原因是受到人类活动的影响，扩大的耕地范围侵占了原有的天然植被。

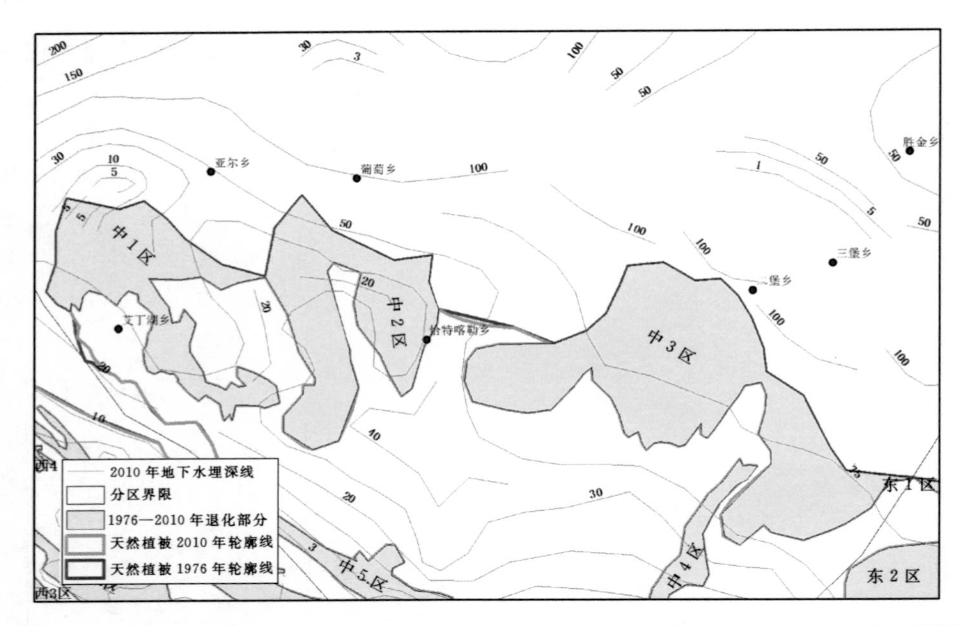

图4-41 中1区、中2区、中3区1976—2010年天然植被轮廓线及2010年地下水埋深线

2. 中4区

如图4-42所示，中4区位于中区的中下游地区，面积是17.8km^2。经统计分析，中4区的平均植被覆盖度由1976年的0.264变为2017年的0.068。中4区在南北方向呈一条狭长的带状，南北长13km，东西宽1km，地下水埋深为3～50m，可能是土壤表层含盐量和洪水泛滥的原因形成的。

3. 中5区

如图4-42所示，中5区位于中区的中下游地区，面积是73.6km^2。经统计分析，中5区的平均植被覆盖度由1976年的0.108变为2017年的0.038。中5区在东西方向呈一

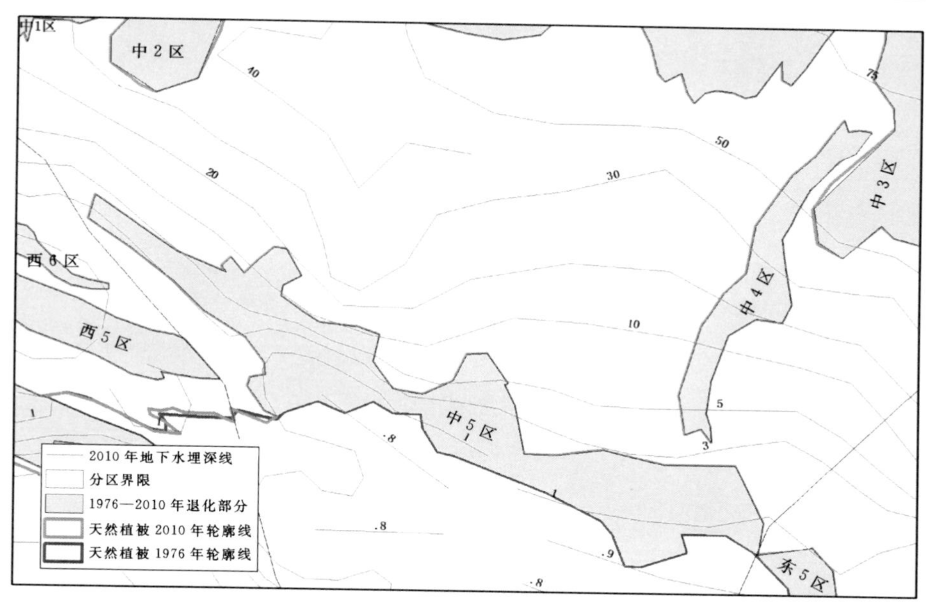

图4-42 中4区、中5区1976—2010年天然植被轮廓线及2010年地下水埋深

条狭长的带状，南北长约2km，东西宽约26km，地下水埋深较浅，为1～10m，可能是土壤表层含盐量和洪水泛滥的原因形成的。

4.2.3 中区天然植被2010—2017年变化

根据图4-43、图4-44所示中区的2010年与2017年天然植被与人工植被分布范围，可将2010年与2017年天然植被分布范围轮廓线分别勾勒出来并叠加显示，如图4-45所示。

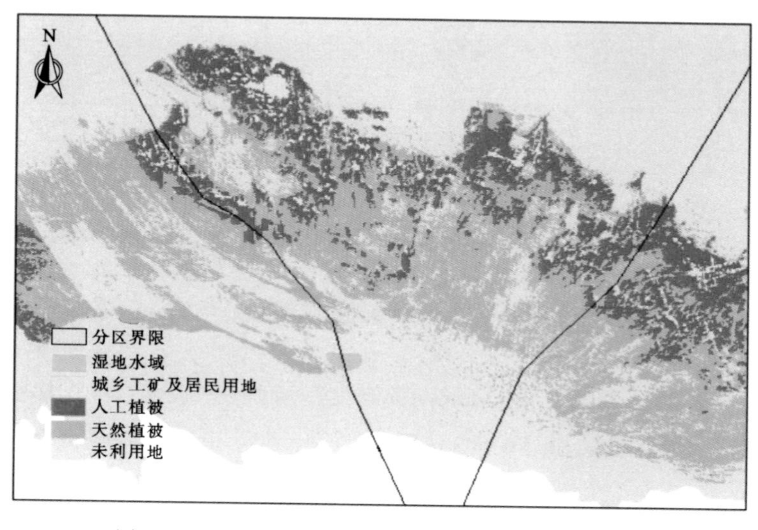

图4-43 中区2010年天然植被与人工植被分布图

图 4-44　中区 2017 年天然植被与人工植被分布图

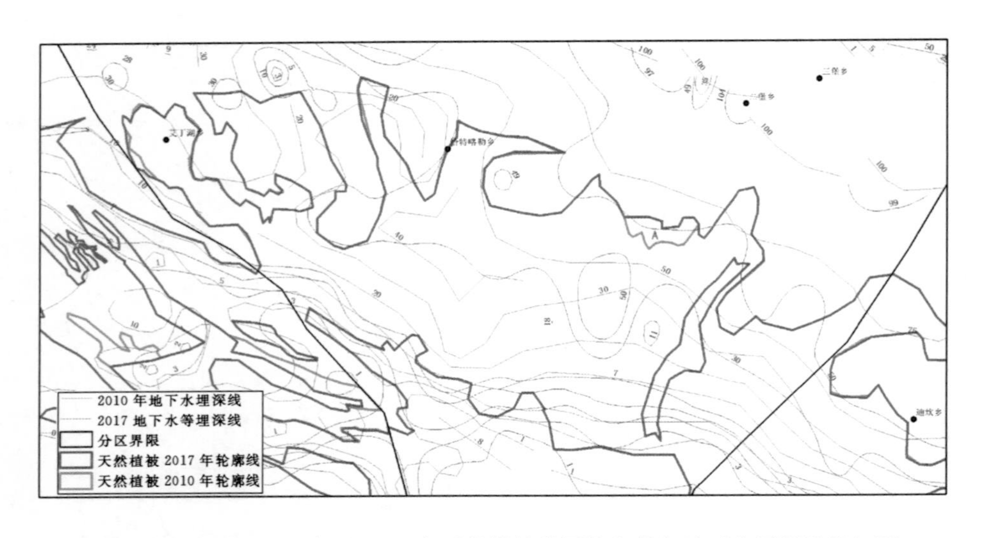

图 4-45　中区 2010 年及 2017 年天然植被范围外包线与地下水埋深线叠加图

由图 4-45 可以看出，2010—2017 年期间，在图中 A 处中区植被区域轮廓线发生了向外部扩张的迁移。

本研究将植被平均覆盖度在 0.1 以下的区域定义为裸地。基于 2010 年与 2017 年的地物类型及天然植被分布范围界线，经过空间叠加分析，识别出 2010 年为人工用地或裸地且 2017 年为天然植被类型的区域，定义为天然植被明显扩张区。经分析可知中区 2010—2017 年期间典型的天然植被明显扩张区有 2 个，分别将其命名为中 1 区、中 2 区，如图 4-46、表 4-7 所示。另外，对 2010 年与 2017 年的天然植被覆盖度进行计算，可得天然植被覆盖度绝对值上升 0.2 以上的区域，将其定义为植被一般扩张区。以上区域的分布如图 4-46 所示。

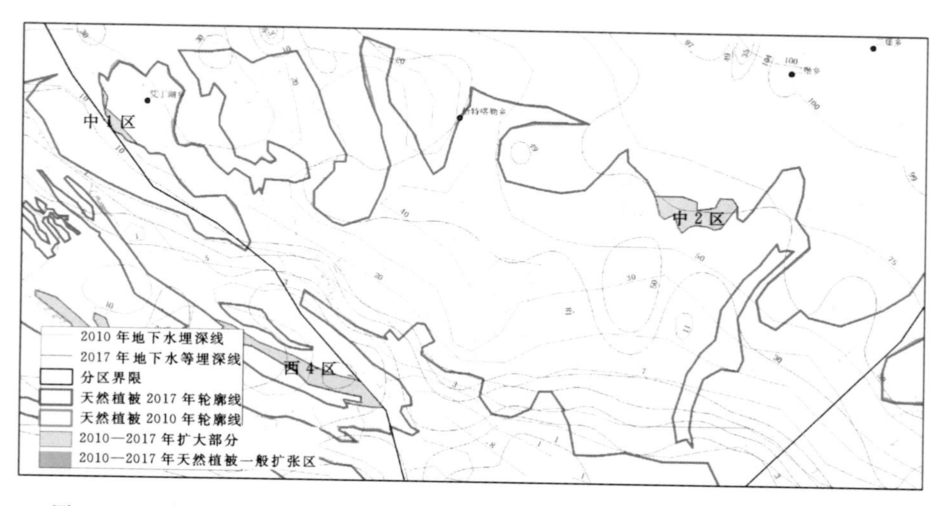

图 4-46 中区 2010—2017 年天然植被明显扩张区与一般扩张区面积及分布情况

表 4-7 中区 2010—2017 年天然植被衰退区平均覆盖度对比

明显衰退区	面积/km^2	2010 年平均覆盖度	2010 年土地类型	2017 年平均覆盖度	2017 年土地类型
中 1 区	1.2	0.512	耕地	0.518	天然植被
中 2 区	7.0	0.611	耕地	0.370	天然植被

下面对 2 个典型的天然植被明显扩张区进行分析。

(1) 中 1 区。中 1 区 2010 年地下水埋深约 20m，2017 年地下水埋深约 10m，面积为 1.2km^2。平均植被覆盖度从 2010 年的 0.512 变为 2017 年的 0.518。天然植被扩张原因可能是由于退耕换草导致。

(2) 中 2 区。中 1 区 2010 年地下水埋深约 60m，2017 年地下水埋深约 50m，面积为 7.0km^2。平均植被覆盖度从 2010 年的 0.611 变为 2017 年的 0.370。天然植被扩张原因可能是由于退耕换草导致。

4.3 东区地下水埋深与天然植被退化情况

4.3.1 东区天然植被 1976—2017 年变化

根据图 4-47、图 4-48 所示东区 1976 年与 2017 年天然植被与人工植被分布范围，可将 1976 年与 2017 年天然植被分布范围轮廓线分别勾勒出来并叠加显示，如图 4-49 所示。

1976—2017 年期间，东区植被区域轮廓北边界线明显向南发生迁移；轮廓南边界线明显向北发生迁移，见图 4-49。

本研究将植被平均覆盖度在 0.1 以下的区域定义为裸地。基于 1976 年与 2017 年的地物类型及天然植被分布范围界线，经过空间叠加分析，识别出 1976 年为天然植被类型且

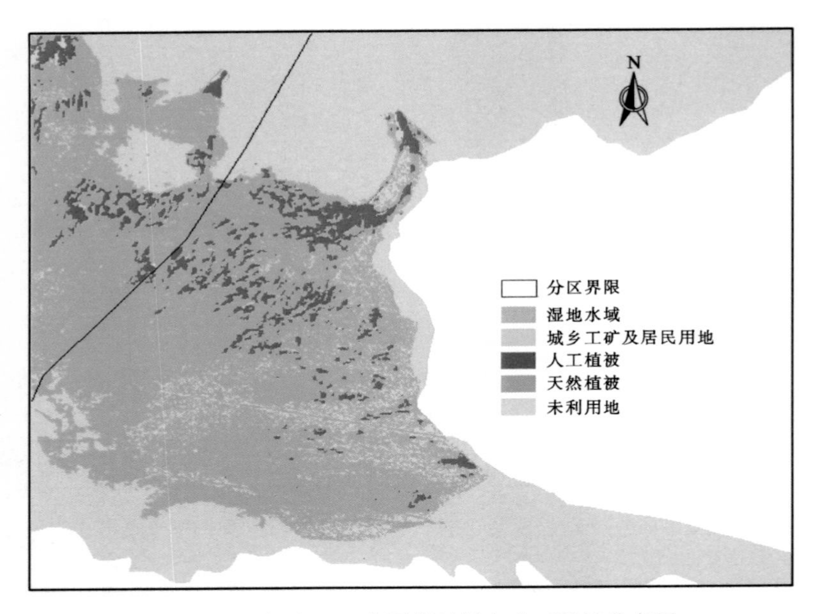

图 4-47　东区 1976 年天然植被与人工植被分布图

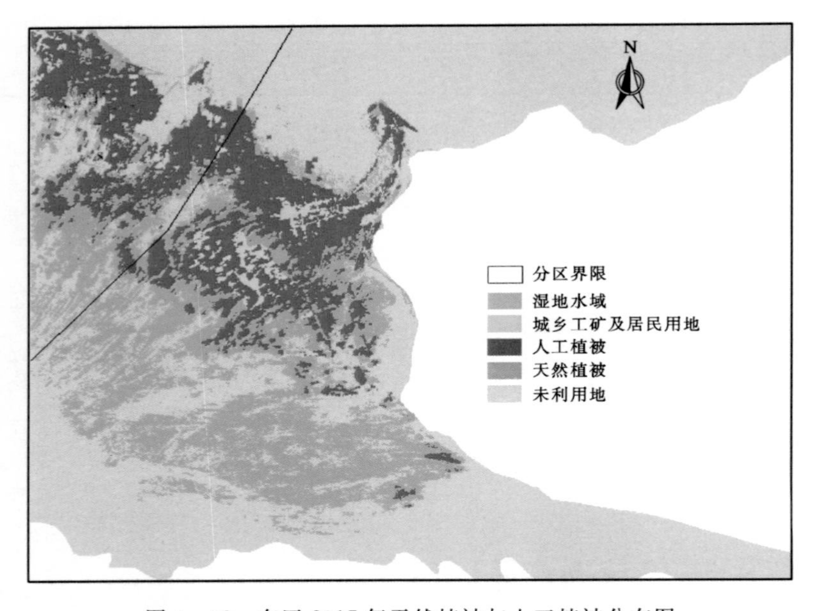

图 4-48　东区 2017 年天然植被与人工植被分布图

2017 年为人工用地或裸地的区域，定义为天然植被明显衰退区。经分析可知，东区 1976—2010 年期间典型的天然植被明显衰退区有 5 个，分别将其命名为东 1 区、东 2 区、东 3 区、东 4 区、东 5 区，如图 4-50、表 4-8 所示。另外，对 1976 年与 2017 年的天然植被覆盖度进行计算，可得天然植被覆盖度绝对值下降 0.2 以上的区域，将其定义为植被一般衰退区。以上区域的分布如图 4-50 所示。

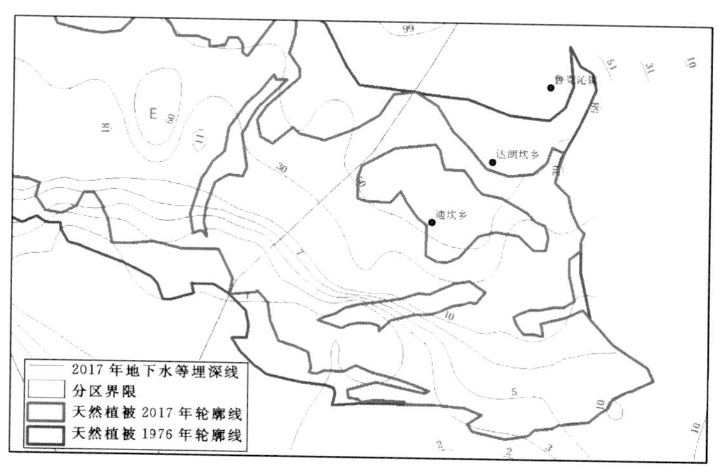

图 4-49 东区 1976 年与 2017 年天然植被范围外包线及 2017 地下水埋深线叠加图

表 4-8 东区 1976—2017 年天然植被衰退区平均覆盖度对比

明显衰退区	面积/km^2	1976 年平均覆盖度	1976 年土地类型	2017 年平均覆盖度	2017 年土地类型
东 1 区	48.4	0.427	天然植被	0.591	耕地
东 2 区	65.8	0.395	天然植被	0.541	耕地
东 3 区	19.6	0.229	天然植被	0.015	裸地
东 4 区	10.8	0.193	天然植被	0.026	裸地
东 5 区	26.6	0.068	天然植被	0.008	裸地

由图 4-51 可知，除了以上 5 个典型的衰退区以外，东区天然植被自 1976 年至 2017 年覆盖度下降的区域面积占比大于覆盖度升高的区域面积占比。且覆盖度减小的区域面积

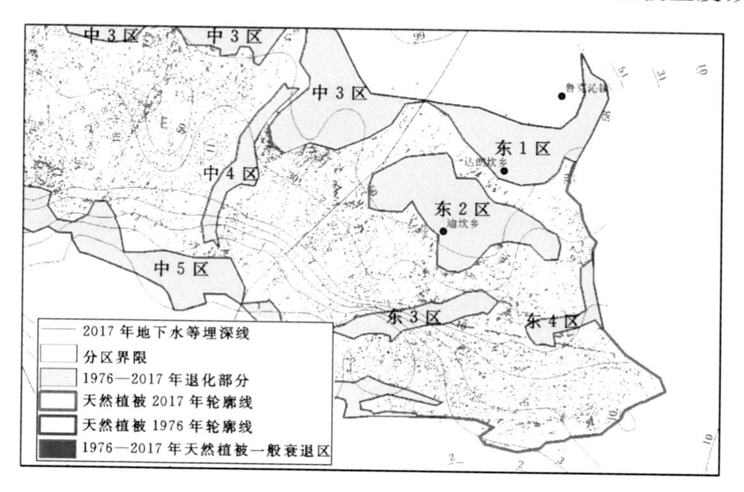

图 4-50 东区 1976—2017 年天然植被明显衰退区与一般衰退区面积及分布情况

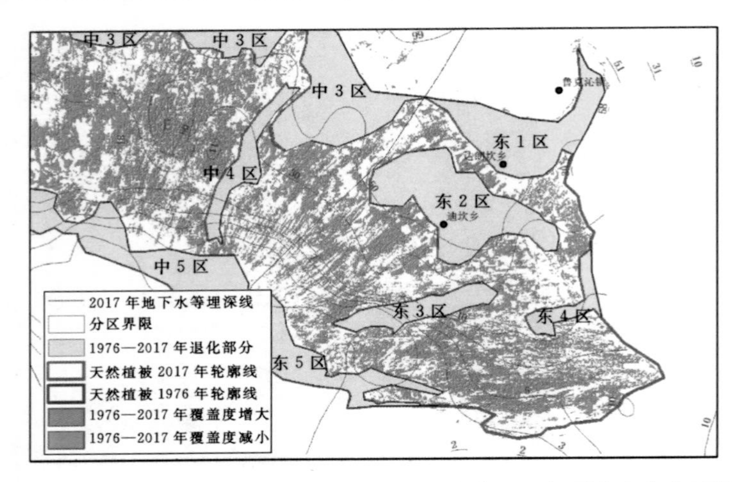

图 4-51　东区 1976—2017 年天然植被明显衰退区与覆盖度变化情况

之和为 116.3km²，覆盖度增大的区域面积之和为 96.8km²，总的来说东区天然植被整体向衰退趋势发展。

下面对 5 个典型的天然植被明显衰退区进行分析。

1. 东 1 区、东 2 区

如图 4-52 所示，东 1 区、东 2 区位于鲁克沁镇、达朗坎乡、迪坎乡周边，是由于天然植被转化为人工植被而形成的，面积分别为 48.4km²、65.8km²。经过统计分析，东 1 区的平均植被覆盖度由 1976 年的 0.427 变为 2017 年的 0.591；东 2 区的平均植被覆盖度由 1976 年的 0.394 变为 2017 年的 0.541。这两处区域的植被发生衰退的主要原因是受到人类活动的影响，扩大的耕地范围侵占了原有的天然植被。

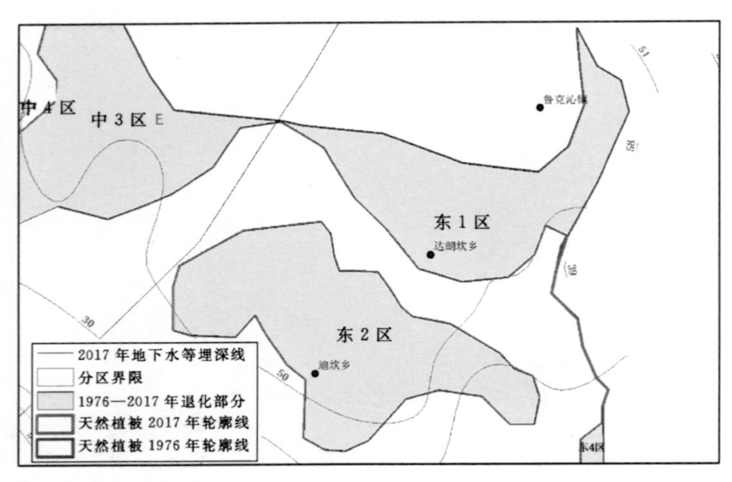

图 4-52　东 1 区、东 2 区 1976—2017 年天然植被轮廓线及 2017 年地下水埋深线

2. 东 3 区

如图 4-53 所示，东 3 区位于东区的中下游地区，面积是 19.6km²。经过统计分析，

东 3 区的平均植被覆盖度由 1976 年的 0.229 变为 2017 年的 0.015。东 3 区在东西方向呈一条狭长的带状，南北长 1.7km，东西长 11.7km，地下水埋深为 1～30m，地下水埋深跨度较大。

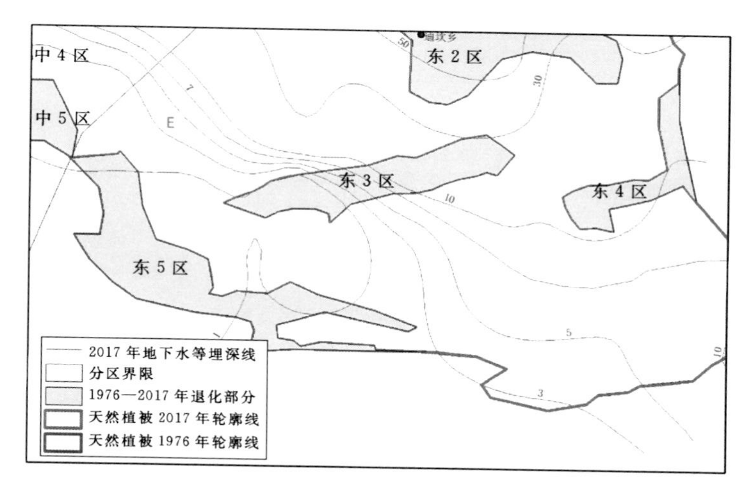

图 4－53　东 3 区、东 4 区、东 5 区 1976—2017 年天然植被轮廓线及 2017 年地下水埋深线

3. 东 4 区

如图 4－53 所示，东 4 区位于东区的中下游地区，面积是 10.8km²。经过统计分析，东 4 区的平均植被覆盖度由 1976 年的 0.193 变为 2017 年的 0.026。东 4 区形状不规则，地下水埋深为 10～30m，地下水埋深跨度较大。

4. 东 5 区

如图 4－53 所示，东 5 区位于东区的中下游地区，面积是 26.6km²。经过统计分析，东 5 区的平均植被覆盖度由 1976 年的 0.068 变为 2017 年的 0.008。东 5 区形状不规则，地下水埋深较浅，为 1～3m。

经研究发现 2017 年地下水埋深在 10～30m 仍有天然植被的分布。通过图 4－54 的卫星影片可以看出，东北方向上游存在大量人工绿洲，且地表分布有许多河沟，为灌溉退水沟或上游山区洪水冲下来的冲沟，因此这个区域在地下水埋深为 10～30m 范围内受现状地表水补充的影响，也能使天然植被存活，分布有面积为 4.93km² 天然植被存活区。但此区域现状的地表水补充情况受气候和节水措施等不确定性因素的影响较大，一旦没有地表水的补给，10～50m 地下水埋深区域的天然植被将受到威胁。

4.3.2 东区天然植被 1976—2010 年变化

根据图 4－55、图 4－56 所示东区的 1976 年与 2010 年天然植被与人工植被分布范围，可将 1976 年与 2010 年天然植被分布范围轮廓线分别勾勒出来并叠加显示，如图 4－57 所示。

1976—2010 年期间，东区植被区域轮廓北边界线明显向南发生迁移；轮廓南边界线

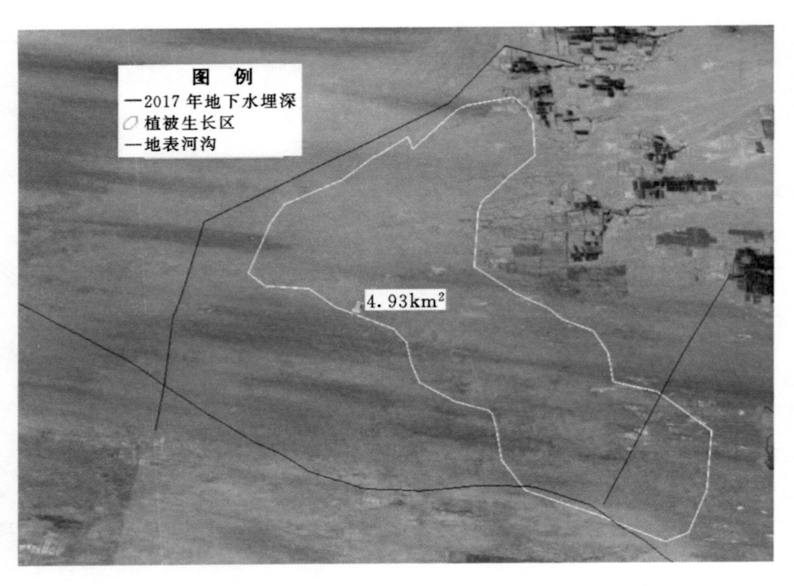

图 4-54 东区卫星影片与 2017 年地下水埋深线叠加图

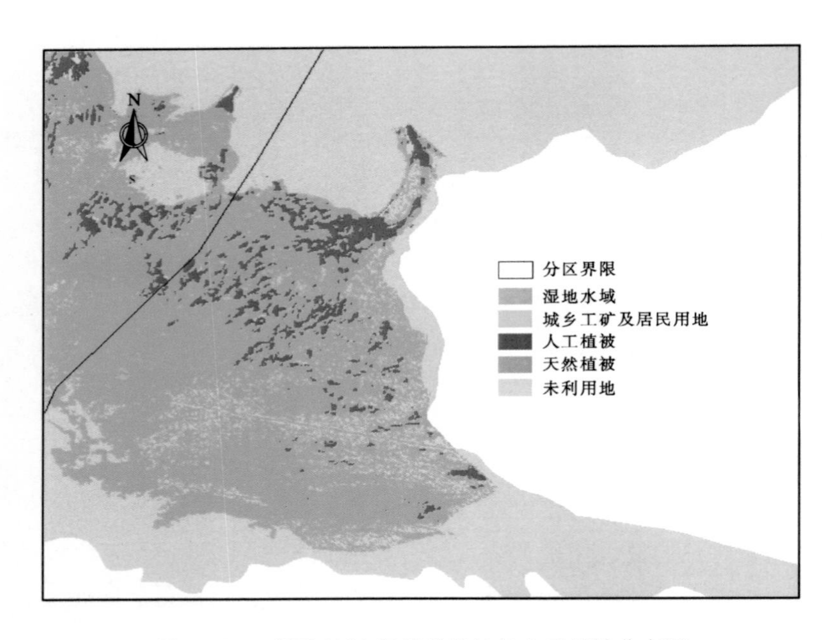

图 4-55 东区 1976 年天然植被与人工植被分布图

明显向北发生迁移。

本研究将植被平均覆盖度在 0.1 以下的区域定义为裸地。基于 1976 年与 2010 年的地物类型及天然植被分布范围界线，经过空间叠加分析，识别出 1976 年为天然植被类型且 2010 年为人工用地或裸地的区域，定义为天然植被明显衰退区。经分析可知东区 1976—2017 年期间典型的天然植被明显衰退区有 5 个，分别将其命名为东 1 区、东 2 区、东 3

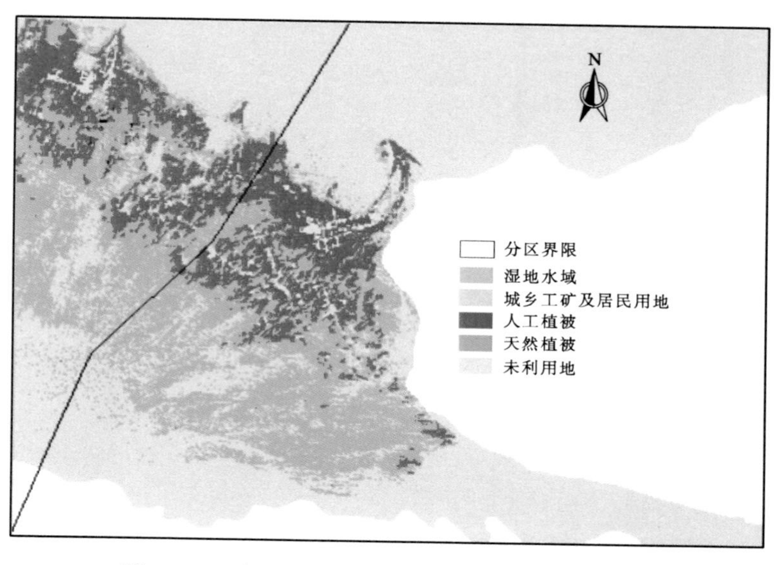

图 4-56　东区 2010 年天然植被与人工植被分布图

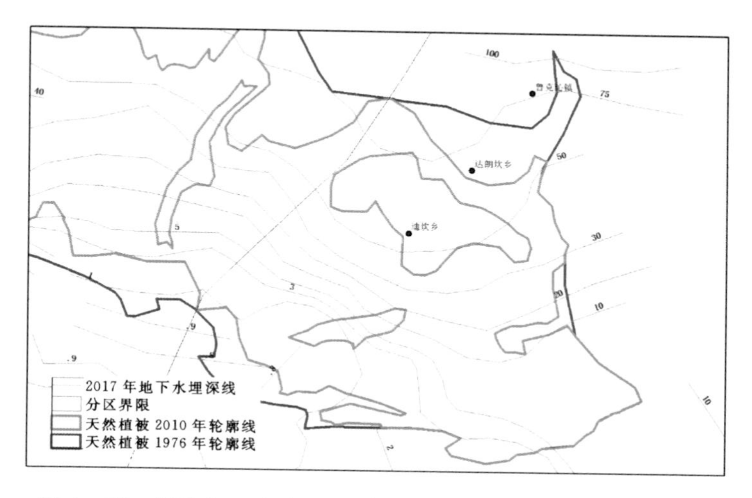

图 4-57　东区 1976 年与 2010 年天然植被范围外包线及 2010 年地下水埋深线叠加图

区、东 4 区、东 5 区，如图 4-58、表 4-9 所示。另外，对 1976 年与 2010 年的天然植被覆盖度进行计算，可得天然植被覆盖度绝对值下降 0.2 以上的区域，将其定义为植被一般衰退区。以上区域的分布如图 4-58 所示。

下面对 5 个典型的天然植被明显衰退区进行分析。

1. 东 1 区及东 2 区

如图 4-59 所示，东 1 区、东 2 区位于鲁克沁镇、达朗坎乡、迪坎乡周边，是由于天然植被转化为人工植被而形成的，面积分别为 48.3km^2、65.8km^2。经过统计分析，东 1 区的平均植被覆盖度由 1976 年的 0.427 变为 2010 年的 0.681；东 2 区的平均植被覆盖度

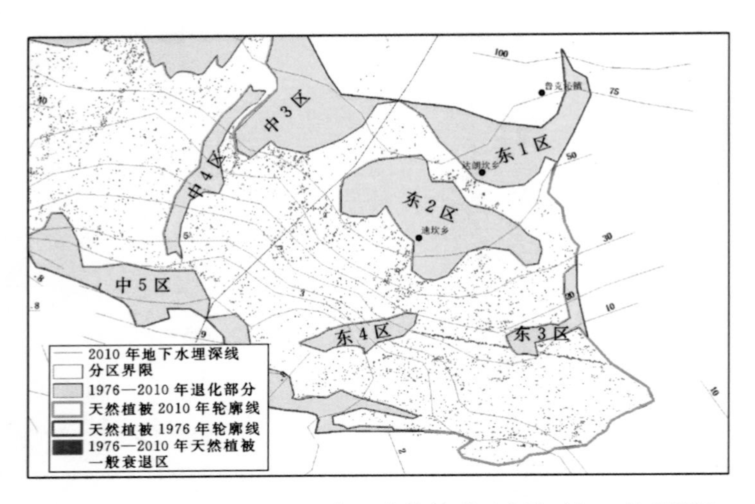

图 4-58　东区 1976—2010 年天然植被明显衰退区与一般衰退区面积及分布情况

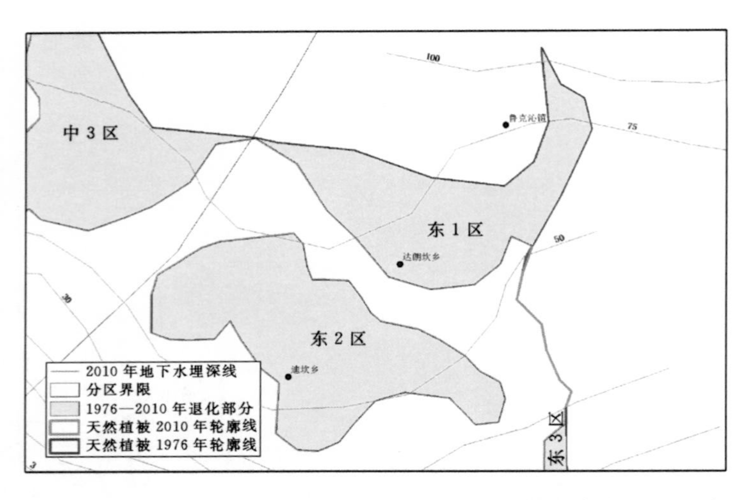

图 4-59　东 1 区、东 2 区 1976—2010 年天然植被轮廓线及 2010 年地下水埋深线

表 4-9　　东区 1976—2010 年天然植被衰退区平均覆盖度对比

明显衰退区	面积/km^2	1976 年平均覆盖度	1976 年土地类型	2010 年平均覆盖度	2010 年土地类型
东 1 区	48.3	0.427	天然植被	0.618	耕地
东 2 区	65.8	0.394	天然植被	0.584	耕地
东 3 区	10.8	0.194	天然植被	0.099	裸地
东 4 区	12.1	0.210	天然植被	0.033	裸地
东 5 区	33.7	0.055	天然植被	0.028	裸地

由 1976 年的 0.394 变为 2010 年的 0.584。这两处区域的植被发生衰退的主要原因是受到人类活动的影响，扩大的耕地范围侵占了原有的天然植被。

2. 东 3 区

如图 4-60 所示，东 3 区位于东区的中下游地区，面积是 10.8km²。经过统计分析，东 3 区的平均植被覆盖度由 1976 年的 0.194 变为 2010 年的 0.099。东 3 区在东西方向呈一条狭长的带状，南北长 1.7km，东西长 11.7km，地下水埋深为 1～30m，地下水埋深跨度较大。

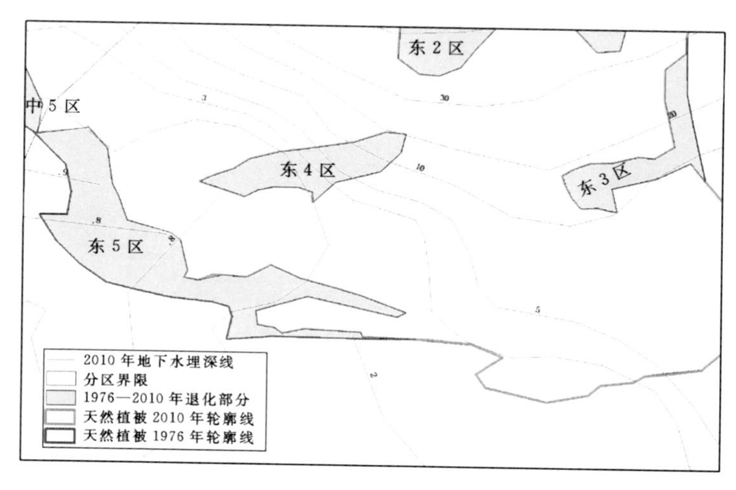

图 4-60　东 3 区、东 4 区、东 5 区 1976—2010 年天然植被轮廓线及 2017 地下水埋深线

3. 东 4 区

如图 4-60 所示，东 4 区位于东区的中下游地区，面积是 12.1km²。经过统计分析，东 4 区的平均植被覆盖度由 1976 年的 0.210 变为 2010 年的 0.033。东 4 区形状不规则，地下水埋深为 10～30m，地下水埋深跨度较大。

4. 东 5 区

如图 4-60 所示，东 5 区位于东区的中下游地区，面积是 33.7km²。经过统计分析，东 5 区的平均植被覆盖度由 1976 年的 0.055 变为 2010 年的 0.028。东 5 区形状不规则，地下水埋深较浅，为 1～3m。

4.3.3　东区天然植被 2010—2017 年变化

根据图 4-61、图 4-62 所示东区的 2010 年与 2017 年天然植被与人工植被分布范围，可将 2010 年与 2017 年天然植被分布范围轮廓线分别勾勒出来并叠加显示，如图 4-63 所示。

由图 4-63 可以看出，2010—2017 年期间，在图中植被区域轮廓线没有发生明显的迁移。

本研究将植被平均覆盖度在 0.1 以下的区域定义为裸地。基于 2010 年与 2017 年的地

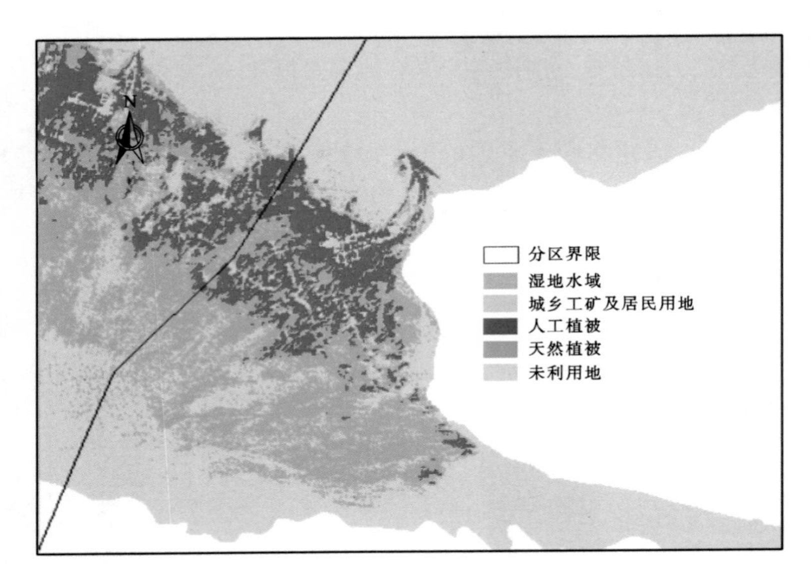

图 4-61　东区 2010 年天然植被与人工植被分布图

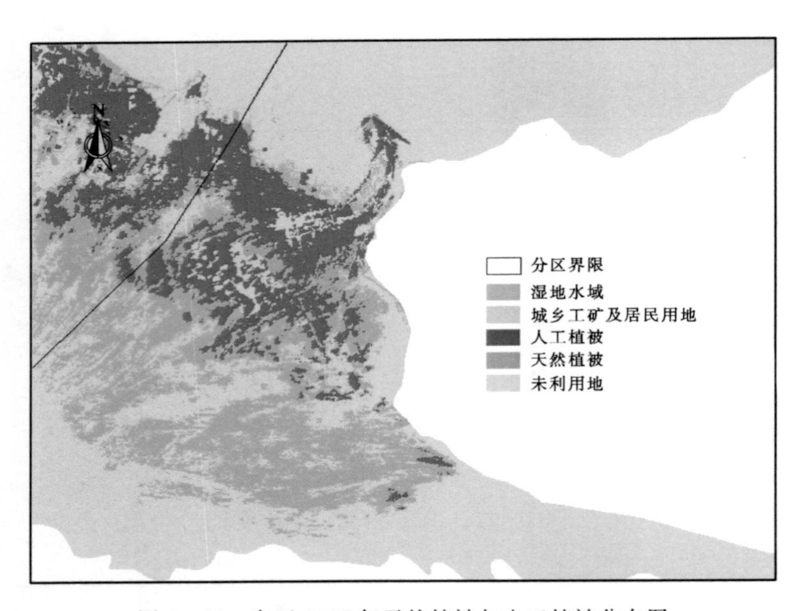

图 4-62　东区 2017 年天然植被与人工植被分布图

物类型及天然植被分布范围界线，经过空间叠加分析，识别出 2010 年为天然植被类型且 2017 年为人工用地或裸地的区域，定义为天然植被明显衰退区。经分析可知中区 2010—2017 年期间典型的天然植被明显衰退区有 3 个，分别将其命名为中 1 区、中 2 区、中 3 区，如图 4-64、表 4-10 所示。另外，对 2010 年与 2017 年的天然植被覆盖度进行计算，可得天然植被覆盖度绝对值下降 0.2 以上的区域，将其定义为植被一般衰退区。以上区域的分布如图 4-64 所示。

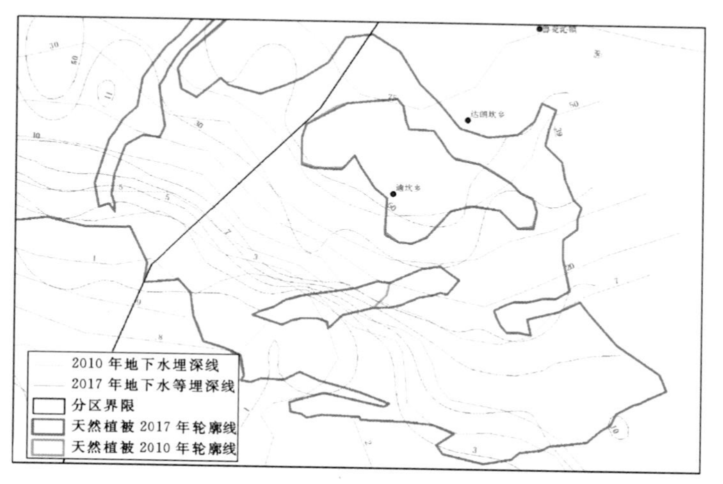

图 4-63　东区 2010 年及 2017 年天然植被范围外包线与地下水埋深线叠加图

表 4-10　　东区 2010—2017 年天然植被衰退区平均覆盖度对比

明显衰退区	面积/km^2	2010 年平均覆盖度	2010 年土地类型	2017 年平均覆盖度	2017 年土地类型
东 1 区	7.5	0.142	天然植被	0.015	裸地

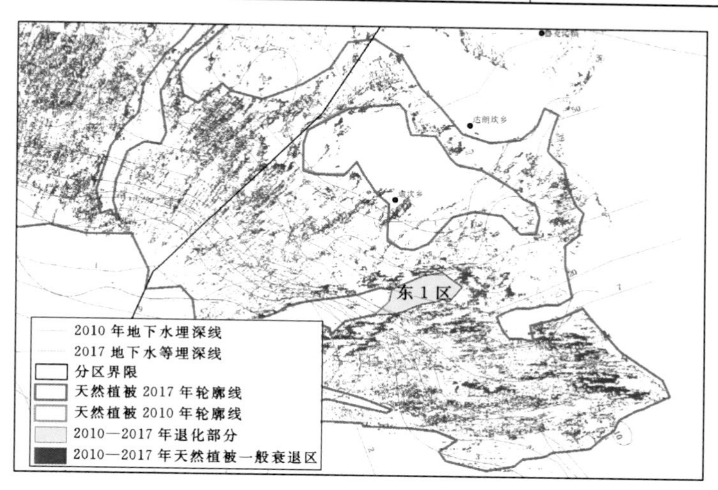

图 4-64　东区 2010—2017 年天然植被明显衰退区与一般衰退区面积及分布情况

东 1 区 2010 年、2017 年地下水埋深为 10～30m，基本没变，面积为 7.5km^2。平均植被覆盖度从 2010 年的 0.142 变为 2017 年的 0.015。

4.4　艾丁湖流域绿洲湿地变化与地下水开发利用关系

4.4.1　艾丁湖湖面面积影响因素分析

流域内水资源的开发利用方式直接影响着流域生态环境的好坏。艾丁湖生态区内自然旱生植被分布和组成随土壤水分状况发生变化，且主要依靠地下水生存，当流域内地下水埋深增加到一定程度而又无地表水补给时自然旱生植被就会衰败死亡。由于流域内植被种类少、单位面积盖度低，一旦缺水死亡，便很难恢复。

艾丁湖是内陆流域尾闾湖泊，流域水循环决定了艾丁湖的生态状况。自然水循环结构包括“降水—坡面—河道—地下”四大路径，社会水循环包括“取水—给水—用水—排水—污水处理—再生回用”六大路径。自然与社会水循环交叉耦合、相互作用形成“自然—社会”二元水循环。由于艾丁湖湖水来源于区域地表河流和地下水的补给，受人类活动取水影响较大，影响艾丁湖湖面面积的因素主要包括自然水循环（径流量）和人类活动影响（用水量和耗水量）。

本研究分析了流域径流量、用水总量、耗水总量与艾丁湖湖面面积之间的关系。根据水资源公报，艾丁湖流域用水总量、耗水总量见图 4-65。1976—2018 年期间艾丁湖流域内阿拉沟水文站和煤窑沟水文站径流量过程见图 4-65。由图 4-65 可看出，1976—2018 年期间，流域用水量及耗水量整体上均呈增加趋势，流域内径流量总体呈先增大后减小趋势，2015—2016 年径流量突增。艾丁湖湖面面积整体呈减小的变化趋势，且 1997—1999 年期间和 2016—2018 年期间湖面面积突增。

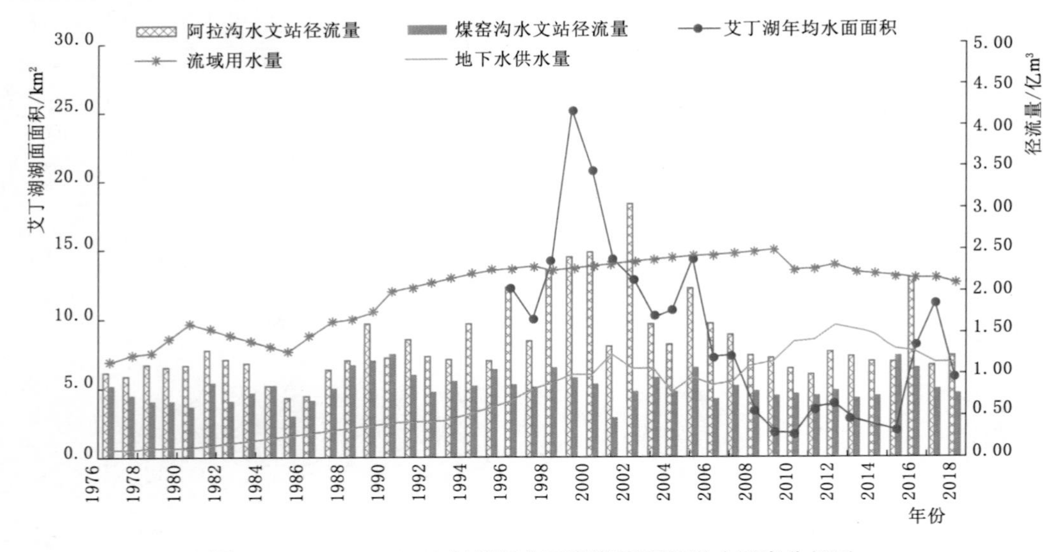

图 4-65　1976—2018 年期间艾丁湖湖面面积影响因素分析图

1997 年之后，流域径流量波动较大，2002 年和 2016 年出现了两次波峰，流域用水及地下水开采量逐年增大，艾丁湖湖面面积波动也较大，1999 年及 2017 年出现两次波峰，流域用水及地下水开采量逐年增大，艾丁湖湖面面积与流域径流量的变化趋势呈相同，与流域用水、地下水用水量的变化趋势相反。

由图 4-65 可看出，从 2012 开始艾丁湖流域用水总量及耗水总量逐年降低。究其原因，主要为艾丁湖流域 2013 年以来开始实施退地、高效节水灌溉等措施（见图 4-66），使艾丁湖流域农业灌溉用水量逐年减少，最终导致艾丁湖流域用水总量和耗水量的下降。

艾丁湖流域 2013 年以来开始实施退地、高效节水灌溉等措施，高效节水面积的增加

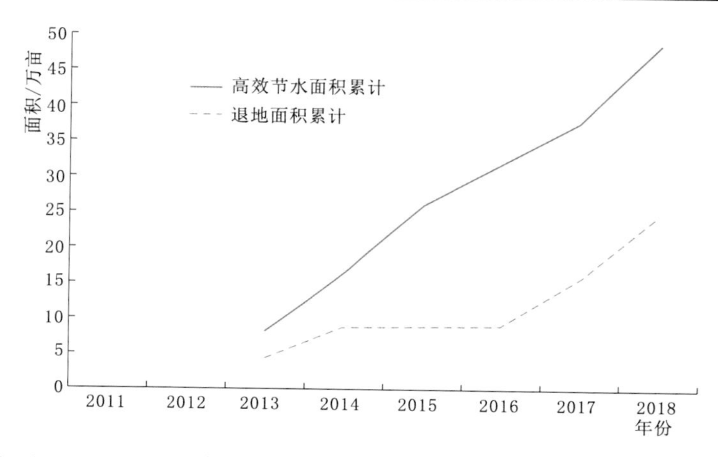

图 4-66 2011—2018 年期间艾丁湖流域实施高效节水面积和退地面积累计

提高了艾丁湖流域的用水水平，退地面积的增加减少了艾丁湖流域的用水量和耗水量。同时，“十三五”期间艾丁湖流域在继续保持高效节水建设的同时还加大了退地力度，降低了艾丁湖流域内用水总量和耗水总量（见图 4-65），进而增大了艾丁湖湖面面积，为艾丁湖生态保护做出了强有力的措施。

4.4.2 天然绿洲、人工绿洲面积与地下水开发利用关系

由图 4-67 可以看出，随着艾丁湖流域社会经济的发展，流域土地利用变化表现为天然绿洲的先缩小后扩大和人工绿洲的先扩大后缩小。天然绿洲面积在 1976—2010 年呈逐步减少趋势，在 2010—2018 年面积又逐步增大。艾丁湖流域平原区天然绿洲与人工绿洲面积比值整体上呈先下降后上升趋势，在 2010 年左右比值最小。先从 1976 年的 4.74 下降到 2010 年的 1.36，后又上升到 2019 年的 2.23。随着艾丁湖流域社会经济的发展，流域土地利用变化表现为天然绿洲的先缩小后扩大和人工绿洲的先扩大后缩小。

1976—2018 年期间，艾丁湖流域水资源利用量、地下水开采量、人类总耗水量与天

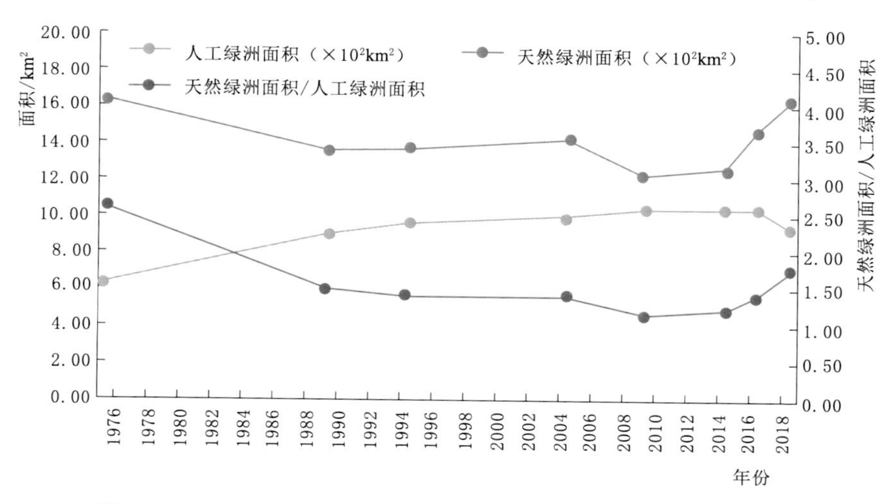

图 4-67 1976—2018 年天然绿洲与人工绿洲面积及比例变化情况

然绿洲、人工绿洲的面积比的变化过程见图 4－68。图中显示，人工绿洲面积在 1976—2018 年期间，随着地下水开采量的先增加后减少呈现先增大后保持稳定的趋势。而天然绿洲面积在 1976—2018 年期间，随着地下水开采量的先增大又逐渐减小的趋势，也呈现出先减小后增大的趋势。由此可见，天然绿洲面积与地下水开采量的变化趋势是相反的。

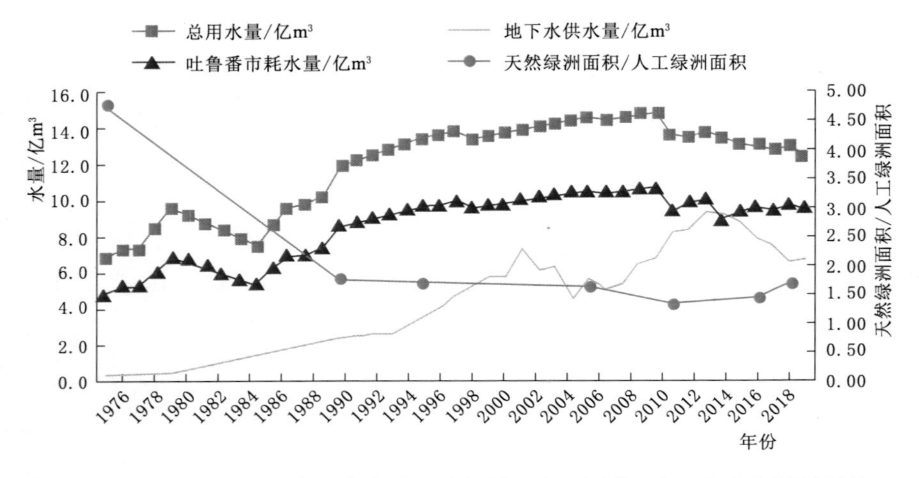

图 4－68　1976—2018 年艾丁湖流域天然绿洲、人工绿洲面积比和水资源利用量、地下水开采量、人类总耗水量之间的关系图

综上所述，在 1976—2012 年期间，艾丁湖流域的社会经济进入了一个迅速发展的时期，随着流域内人口对水资源以及粮食的需求不断地增大，地下水资源的开采量、人工绿洲面积及人工植被覆盖度均呈现明显的增大趋势。由于多年平均降水量呈轻微减少的趋势，且地下水开采量的明显增大，是导致此期间天然植被面积及天然植被覆盖度呈减小趋势的原因。到了 2012 年左右，地下水开采量达到极大值，随后在 2012—2018 年期间，由于当地政府提出并采取了生态保护的政策和科学的治理方略，推进了约束地下水资源开采、地下水合理开发利用、退耕还林、退牧还草的方案，地下水开采量呈现明显的下降趋势，尽管人工绿洲面积仍保持稳定，但人工植被覆盖度明显开始回落，天然绿洲的面积及天然植被覆盖度均开始回升，生态环境逐渐改善。

4.4.3　天然植被覆盖度及生物量与地下水开发利用关系

1976—2018 年期间，艾丁湖流域地下水开采量、自然植被与人工植被的平均覆盖度变化过程见图 4－69。

图 4－69 中显示，在 1976—2018 年期间，人工植被覆盖度随着地下水开采量的增加也呈现增加趋势，当地下水开采量呈减少趋势时，人工植被覆盖度也呈现减少的趋势。由此可见，人工植被平均覆盖度与地下水开采量的变化趋势具有一致性。对于天然植被平均覆盖度，在 1976—2005 年期间随着地下水开采量的增加，呈现减少的趋势，在 2005—2018 年期间随着地下水开采量的先增大后减小，也呈现先增大后减小的趋势。由此可见，天然植被平均覆盖度与地下水开采量在 1976—2005 年期间的变化趋势是相反的，而在 2005—2018 年期间的变化趋势是一致的。

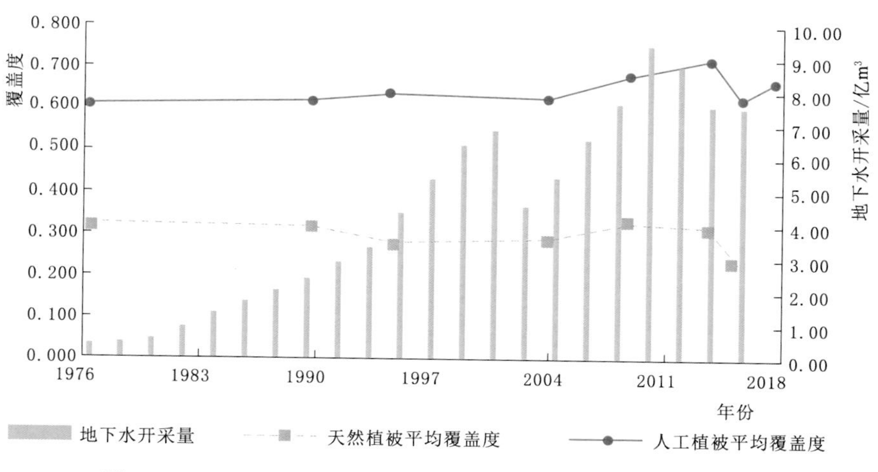

图 4-69 1976—2018 年艾丁湖流域地下水开采量、自然植被与人工植被的平均覆盖度变化情况

图 4-70 中显示，在 1976—2018 年期间艾丁湖流域天然绿洲面积与天然植被覆盖度的变化趋势呈负相关。艾丁湖流域天然绿洲面积在 1976—1990 年呈减小趋势，1990—2005 年为缓速增加阶段，2005—2010 年为迅速消减阶段，2010 年以后为增长趋势，且 2015 年以来增长趋势迅猛。而天然植被覆盖度在上述时段内与天然绿洲面积的变化趋势恰好相反。

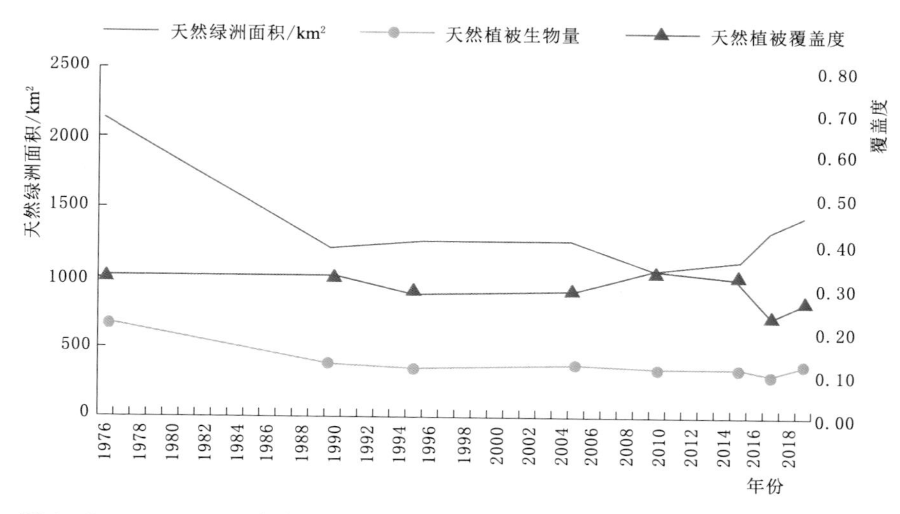

图 4-70 1976—2018 年艾丁湖流域天然植被面积、平均覆盖度、生物量变化情况

天然绿洲植被生物量（为天然绿洲面积与天然植被覆盖度的乘积）与其面积变化趋势在大方向上保持一致，1976—1995 年呈减小趋势，1995—2015 年为增加趋势，2015—2019 年为先下降后上升趋势。

天然绿洲的面积和覆盖率应主要受地下水位（埋深）、地表水补给、气候因素和人为砍伐、放牧等影响。平原区植被的生长主要依靠上游来水和地下水的供给。虽然地表水对植被的生长很重要，但是随着流域经济社会的发展，流域水资源开发利用强度逐渐增大，流域上游大量修建水库，大大减少了丰水季节地表水进入平原区天然绿洲的机会。所以说，艾丁湖流域平原区自然旱生植被的生长主要依赖于地下水。植被主要通过根部从土壤里获得水分，而地下水埋深直接影响着土壤中水分的含量、养分的动态，能够决定干旱荒漠区植被的生长、分布及种群演替。

由图 4-71 可知，地下水开采量在 1976—2010 年为迅速增长阶段，2010—2017 年呈现逐年下降趋势。地下水开采量与天然绿洲面积的关系更为密切，且呈现一种负相关性。如在 1976—2010 年期间，地下水开采量迅速增加，天然绿洲面积则总体为下降趋势，且 2010 年地下水开采量最大的同时，天然绿洲面积也最小。之后的 2010—2017 年期间，地下水开发速率减慢，天然绿洲面积也逐渐恢复并增长。因此，降低对地下水的开发利用，提升艾丁湖流域的地下水位，增加地下水对于艾丁湖的补给，是人为保护艾丁湖湖滨天然绿洲的重要措施。

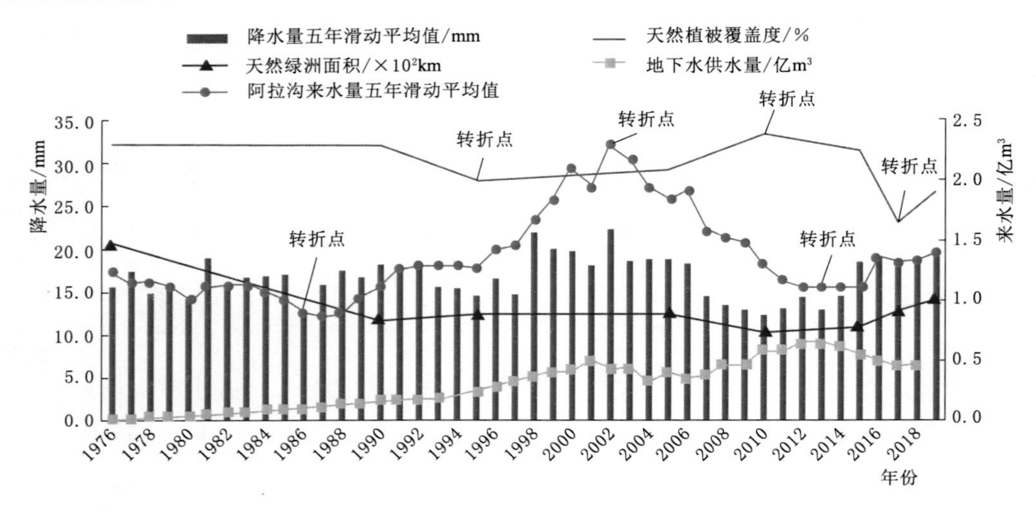

图 4-71　1976—2018 年艾丁湖流域天然绿洲覆盖度、面积和五年滑动平均降水量、地下水开采量、年径流量之间的关系图

由图 4-71 可知，五年滑动平均降水量与径流量的变化关系密切，总体表现为五年滑动平均降水量与径流量在相同时期内呈一致性变化关系，在 1976—2002 年呈增大趋势，2003—2015 年呈减小趋势，2016—2019 年呈增大趋势。

由图 4-71 可知，五年滑动平均降水量、径流量与天然植被覆盖度的变化关系更为密切。五年滑动平均降水量、径流量在 1976—2018 年期间可分为四个变化时段，先是缓慢减小，再明显逐渐增大，随后又明显逐渐减小，最后逐渐增大，四个时段的转折点分别为 1986 年、2002 年、2013 年。而天然植被覆盖度在 1976—2018 年期间也可分为四个变化时段，同样也是经历了先是逐渐减小，再明显逐渐增大，随后又明显逐渐减小，最后逐渐增大的变化过程，其四个时段的转折点分别为 1995 年、2010 年、2017 年。因此下游天然植被覆盖度的变化趋势对上游五年滑动平均降水量、径流量的变化趋势存在一致性的滞后响应，且三次转折点的响应滞时为 9 年、8 年、4 年，一步步缩短的响应滞时反映了艾丁

湖流域的天然植被覆盖度对降水、径流变化的响应变得越来越敏感，反映出随着地下水开采量的逐年加大，天然植被区的生态环境越来越脆弱。

4.4.4 地下水—包气带水补给天然植被的作用机理

在水文循环过程中，对本研究区任一时段进入水量与输出水量之差额等于其蓄水量的变化量。以整个研究区作为研究范围，其水量平衡方程为

$$W_{总}=W_{表、出山口}+W_{下、出} \tag{4-1}$$

$$\Delta W_{增}=W_{总}+W_{入区}-(W_{人、蒸}+W_{河、蒸}+W_{湖、蒸}+W_{自然、蒸}+W_{出区}) \tag{4-2}$$

$$\Delta W_{增}=\Delta W_{地下}+\Delta W_{地表水库}+\Delta W_{河}+\Delta W_{湖}+\Delta W_{包}+\Delta W_{植} \tag{4-3}$$

$$W_{自然、蒸}=W_{自然、蒸、裸地}+W_{自然、蒸、植被} \tag{4-4}$$

$$W_{自然、蒸、植被}(v,t)=f(包水、空水、降水、土壤、阳光、空气、植被竞争)$$

式中：$W_{总}$ 为区域水资源总量；$W_{入区}$ 为上游流入区内的地表、地下水量；$W_{出区}$ 为区内流入下游的地表、地下水量；$W_{表、出山口}$ 为出山口地表水资源总量；$W_{下、出}$ 为地下水资源总量；$\Delta W_{增}$ 为蓄水量增量；$\Delta W_{地下}$、$\Delta W_{地表水库}$、$\Delta W_{河}$、$\Delta W_{湖}$、$\Delta W_{包}$、$\Delta W_{植}$ 为地下水、地表水库、河流、湖泊、包气带、植被的蓄水量变量；$W_{人、蒸}$、$W_{河、蒸}$、$W_{湖、蒸}$、$W_{自然、蒸}$ 为人工绿洲、河流、湖泊、自然绿洲蒸散发；$W_{自然、蒸、裸地}$、$W_{自然、蒸、植被}$ 为植被蒸散发、裸地蒸发。

本研究区下游天然绿洲区年降水量在 10mm 以下，天然植被的生长依赖地下水及包气带水，包气带厚度指地面到地下潜水面的距离，包气带的厚度受地下潜水面的变动而变动。

影响包气带厚度的因素包括上游河道天然来水的补给、降水或灌溉、地下水的抽取、植物蒸腾、土壤蒸发。当上游来水减少，地下水位下降，包气带厚度增大，植物根系吸收不到地下水后，将会枯死。以包气带作为研究范围，其水量平衡为

$$W_1+P+R_s+R_g-(E+R)=W_2 \tag{4-5}$$

$$\Delta W=W_2-W_1 \tag{4-6}$$

$$E=E_1+E_2 \tag{4-7}$$

式中：P 为降水量；E 为总蒸发量；E_1 为降雨期间的截留与蒸发量；E_2 为储存土壤水的蒸腾蒸发量；R_s 为地表水补充量；R_g 为地下水补充量；R 为产流量，包气带基本不产流；ΔW 为包气带蓄水量变化量；W_1 为土层的时段初平均蓄水量；W_2 为土层的时段末平均蓄水量。

自然植被通过根系吸收土壤中的水分，植被的生长状况和分布情况与陆面蒸散密切相关，这是因为植被生命活动强烈的时候，叶片气孔开放，蒸腾作用变强。地下水埋深对潜水蒸发的影响，主要是潜水影响包气带土壤含水率的分布，地下水埋深越浅，毛管水活动层距土壤表面越近，则越有利于向土面输送水分，土壤蒸发也越大。此外，地下水埋深也通过影响土壤含水率的大小来影响植物散发。如果地下水埋深越大，毛管上升水的上界面距地下水位越远，则向土表输送水分越困难，因此，土壤蒸发也越小，植物的散发率也随之减小。

在干旱及半干旱区，土壤水主要来源于地下水潜水蒸发。地下水通过由土壤孔隙形成的毛管水上升形成土壤水，从而被植被根系吸收。根据这个过程可以将包气带进行概化，

便于分析与计算。

陈敏建等在《西辽河平原地下水补给植被的临界埋深》中提出了概化地表与潜水表面之间的包气带结构：地表之下为植被根系作用层，潜水面之上为潜水影响层。

（1）植被根系作用层包含了所有的根、须，受气候、土壤水分、肥力和共生环境等多个因素的影响，天然植被根系历经了各种不同的环境条件，充分发育生长了侧根、毛根以及向下发挥吸收深部水分的能力，这是一个自然选择的过程。因此，每种群落根系作用层厚度接近于一个常数。只有进入根系作用层的水分才可以被植物吸收。

（2）潜水影响层在潜水面上，由于表面张力作用和土壤孔隙形成毛细管现象，水分沿土壤孔隙上升形成土壤毛管水，形成由毛管水作用不断从地下水补给的土壤水分运动空间，定义为潜水影响层。潜水影响层厚度取决于潜水的毛管水上升高度，将毛管水可能上升最大高度定义为潜水影响层厚度，涵盖了毛管水活动的最大范围。

（3）地下水补给植被的物理机制为只要潜水影响层与根系作用层相交，就会发生地下水补给植被。因此，潜水影响层与根系作用层只有保持接触，植被才能持续得到水分补给。如果地下水位下降导致二者脱离接触，则植被的水分供给中断。因此，维持地下水补给植被的条件就是要保证潜水影响层与根系层能够有交叉。

由《夏季灌溉对骆驼刺形态学特征群落生态结构和天然更新的影响》的研究成果可知，骆驼刺最初的发生环境是荒漠平原地区河流的河漫滩，骆驼刺主要分布在亚洲荒漠和半荒漠的平原地区。在新疆的塔里木河、和田河、孔雀河、策勒河等大河流域有大面积连片分布，且常为柽柳灌丛、荒漠河岸疏林和各类盐化草甸、盐生荒漠植物群落的伴生种。1993年9月，研究学者在和田河和阿克苏河交汇处的河漫滩上，观察到了骆驼刺种子的实生苗。上述足以说明，骆驼刺及其所形成的植被，是荒漠区河谷具有代表性的种群和基本的植物群落之一，也是非常特殊的各类草本和木本吐加依植被的一个典型成员。显而易见，荒漠地区河漫滩正是这种植物最初的和最根本的发生地及生长环境。而大多数地区的骆驼刺群落衰退的主要原因之一，是由于地下水位下降、生境干燥。

研究区天然植被区蒸发蒸腾量 ET2017年总量为168.57mm。而长期以来，本研究区年蒸腾蒸发量远高于多年平均降水量，在没有地表水补充的情形下，包气带水分在逐渐减少。随着艾丁湖流域地下水位的下降，包气带由上自下土壤含水量逐渐减少，骆驼刺的根系生长深度也随之适应性加深，骆驼刺的根系吸收包气带储存的土壤水生存，因此现存的骆驼刺仍能存活。由此推测艾丁湖流域现在的地貌状况和不同植被类型分布区的地下水位并不反映其相应植被萌发时的地下水位分布状况。推测这些骆驼刺原先是依靠河流的地表水的泛滥而发生的，依靠地下水生存。经调查分析后认为，当地下水埋深在一定范围内时，骆驼刺可以成活；但当地下水埋深超过一定范围内时，骆驼刺的根系只能靠吸收包气带储存的土壤水生存，随着地下水位的下降，包气带中的水分逐渐减少，因此骆驼刺可以吸收的水分越来越少，因此骆驼刺将逐渐衰退，无法自然更新，当包气带水全部被耗尽，骆驼刺将无法存活。

4.4.5　天然植被典型区的地下水—包气带水量平衡

本研究选取西区不受地表水补充的天然植被典型区，如图4-72所示。该典型区的

2017年地下水埋深为5～7m，分析2017年该典型区内天然植被的水分来源及水分与天然植被的作用机理，并预测该典型区内的天然植被的退变情况。植被生态用水一般通过降水补给、径流补给、人类灌溉补给及地下水补给几种方式获取。艾丁湖湖区降水稀少，不能形成有效降水，也就不能形成径流；河流及山区洪山均不受会影响到该典型区。因此，可以认为天然植被的生存依靠地下水和降水来维持。

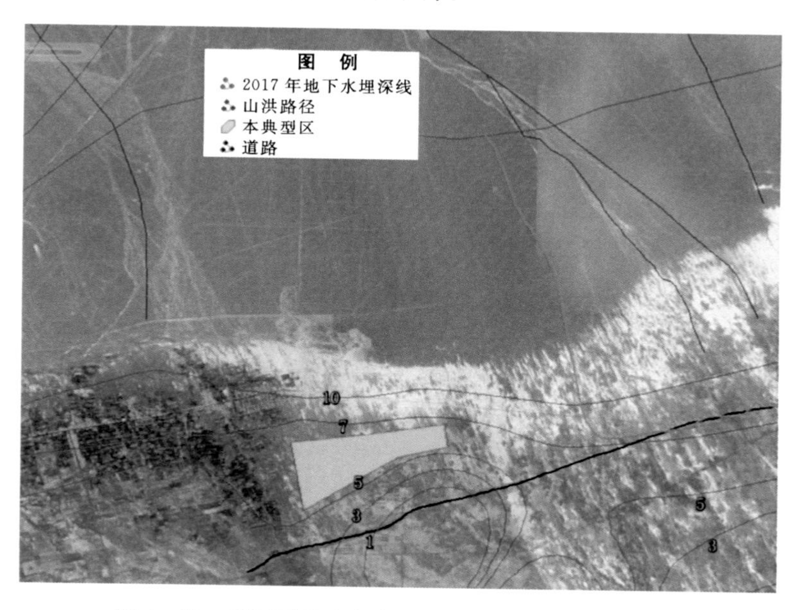

图4-72 西区不受地表水补充的天然植被典型区范围

本区包气带蓄水量年变化量$\Delta W_{年}$、土层的年末平均蓄水量W_2的计算式为

$$\Delta W_{年}=P_{年}+R_{s年}+R_{g年}-(ET_{年}+R_{年}) \tag{4-8}$$

$$W_2=\Delta W+W_1 \tag{4-9}$$

式中：$P_{年}$为年降水量，本区多年平均降水量$P_{年}$取10mm；$ET_{年}$为年蒸腾蒸发量，年ET总量为152.5mm；$R_{s年}$为年地表水补充量，该典型区不受地表水补充，年地表水补充量$R_{s年}$取0；$R_{g年}$为年地下水补充量；$R_{年}$为年产流量，包气带基本不产流，$R_{年}$取0；W_1为土层的年初始平均蓄水量。

干旱平原地区降水稀少，不能形成有效降水，也就不能形成径流。因此，干旱区平原区的天然植被的生存主要依靠地下水来维持的。在干旱区植被的实际蒸散发是由潜水通过毛细管上升，向上形成土壤水供给的。同时影响植被生长的土壤水分状况取决于潜水蒸发量的大小，从较大的空间尺度而言，当土壤处于稳定蒸发时，不仅地表的蒸发强度保持稳定，土壤含水量也不随时间而变化，此时，潜水蒸发量、土壤水分通量和土壤蒸散量三者相等。因此，可以利用潜水蒸发法计算不受地表水补给的植被区的地下水对包气带的补充量。即某植被类型在某一地下水位对应的潜水蒸发量乘以植被系数和补给系数，即是该面积下该种植被下的地下水对包气带的补充量。其具体的计算的公式如下：

$$R_{g年}=W_{gi}c \tag{4-10}$$

$$W_{gi}=a\left(1-\frac{h_i}{h_{max}}\right)^b E_{601}K_c \tag{4-11}$$

式中：W_{gi} 为第 i 种植被处于某一特定地下水埋深时的潜水蒸发量，mm；K_c 为植被系数，指某一地段有无植被时的潜水蒸发量之比，由实验确定，无量纲；a、b 为经验系数，无量纲；h_i 为地下水埋深，m；h_{max} 为潜水蒸发的极限埋深，m；E_{601} 为601型蒸发皿水面蒸发量，mm；c 为补给系数，由实验确定，无量纲。

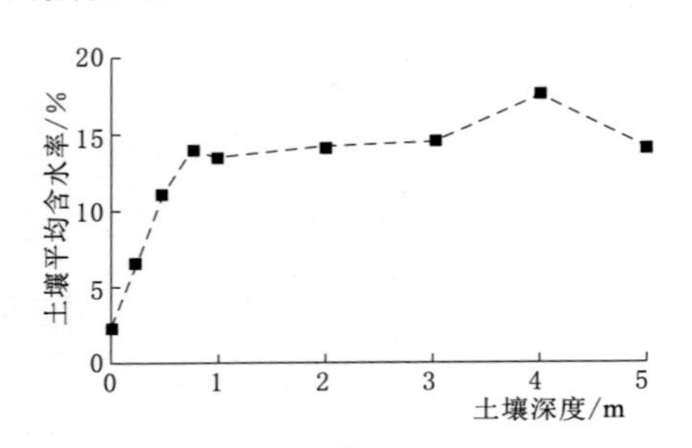

图4-73　土壤平均含水率与土壤深度的关系（潜水埋深大于5m）

由地下水埋深等值线图查得该典型区现状（2017年）地下水埋深为6m。根据现场实测到的土壤含水率（重量含水率）见图4-73，以1.5的系数将其折算为以水层厚度表示的土壤含水量（体积含水率）为1241mm。

1. 潜水蒸发的极限埋深 h_{max}

该典型区查明的植物资源主要为骆驼刺、黑果枸杞、芦苇等。特殊的环境使这些旱生植被具有一定的耐旱耐盐特性。如骆驼刺根系发达，呈"古"字状深入地下，可入土深达20m以上，在地下水埋深达15m时骆驼刺仍能正常生长，在植被群落中占有绝对优势。基于以上分析结合实地勘查资料，本研究认为自然旱生植被所在区域的潜水蒸发极限埋深为25m。

2. 植被系数（K_c）的确定

植被系数为有无植被时潜水蒸发量之比。本研究参照新疆地矿局第一水文工程地质大队的方法，按潜水埋藏深度划分出0～1m、1～3m、3～5m、5～15m、15～25m的埋深区间。根据水位埋深确定植被系数，见表4-11。

表4-11　　植被系数取值

潜水埋深	0～1m	1～3m	3～5m	5～15m	15～25m
植被系数	1.39	1.28	1.16	1.09	1.06

3. 其他相关参数选取

研究区24年的 E_{20} 水面蒸发平均值为2642mm，折算系数取0.65。经验参数 a、b 的选取参照吐鲁番盆地地下水勘查报告及类似地区的经验。其中 a 取0.873，b 取1.426，补给系数 c 的取值参考谭秀翠等在《地下水补给量计算及包气带岩性影响分析》中的实验结果，取0.13。田间持水率的取值参考《新疆作物观测地段土壤农业水分常数的分布》中的吐鲁番土壤三大常数的实验结果，取重量含水率19.2%，按照1.5的系数将其折算为体积含水率为28.8%。

现状该典型区的地下水埋深为6m，由包气带水量平衡公式潜水蒸发公式计算当地下水埋深下降至10m、15m、20m、25m时的土壤包气带含水量，结果见表4-12。

表 4-12　　该典型区在地下水埋深下降至 10m、15m、20m、25m 时的土壤包气带含水量计算结果

典型区降水量/mm	初始土壤含水量/mm	典型区 ET/mm	假设水位下降后的地下水埋深/m	地下水对包气带的水分补充量/mm	包气带蓄水量变化量/mm	水位下降后的包气带土壤含水量/mm
10	1241	152.50	10	102	−40.8	1200.5
			15	57	−85.4	1155.8
			20	21	−121.8	1119.4
			25	0	−142.5	1098.8

利用 Arcgis 工具对典型区内天然植被覆盖度在不同等级下的 *ET* 值进行分类统计，对于覆盖度小于 10%的区域定义为裸地，即可提取出裸地蒸发量为 54.79mm/a，由 *ET* 值减去裸地蒸发量即可推断出该典型区在不同天然植被覆盖度下的年植被蒸腾量，计算结果见表 4-13。

表 4-13　　该典型区在不同天然植被覆盖度下的年植被蒸腾量计算结果

天然植被覆盖度	面积占比/%	年 ET/(mm/a)	年裸地蒸发量/(mm/a)	年植被蒸腾量/(mm/a)
0～10%（裸地）	25.36	55	55	0
10%～20%	18.53	92	55	37
20%～30%	18.23	127	55	72
30%～40%	19.80	234	55	179
40%～50%	14.45	278	55	223
50%以上	3.64	334	55	280
现状平均天然植被覆盖度的蒸腾量（面积加权平均值）				98

该典型区的地下水埋深由现状的 6m 下降至 10m、15m、20m、25m 时计算的土壤包气带含水量，可推求出包气带剩余含水量还够维持不同覆盖度的天然植被继续生长的期限。计算结果见表 4-14。

表 4-14　　在地下水埋深下降至 10m、15m、20m、25m 时包气带剩余含水量还够维持不同覆盖度的天然植被继续生长的期限

假设时段末的地下水埋深/m	若维持现状平均覆盖度下的植被生长还能维持的年份	若维持覆盖度 50%以上的植被生长能维持的年份	若维持覆盖度 40%～50%的植被生长能维持的年份	若维持覆盖度 30%～40%的植被生长能维持的年份	若维持覆盖度 20%～30%的植被生长能维持的年份	若维持覆盖度 10%～20%的植被生长能维持的年份
10	12.3	4.3	5.4	6.7	16.7	32.4
15	11.8	4.1	5.2	6.5	16.1	31.2
20	11.5	4.0	5.0	6.3	15.6	30.3
25	11.2	3.9	4.9	6.1	15.3	29.7

由表 4-14 计算结果可知，当该典型区地下水埋深由现状 6m 下降至 10m、15m、20m、25m 时，包气带含水量将能够维持天然植被生存的期限越来越短，天然植被将逐渐

衰退，当包气带水全部被耗尽，天然植被将无法存活。

地下水对包气带的补充量与降水量之和即为包气带水补充量，计算可得出该典型区的地下水埋深从现状的6m下降突至10m时，包气带水补充量将由153mm变为112mm，根据不同天然植被覆盖度下的年植被蒸腾量关系，可推出这部分包气带水补充量可维持稳定的天然植被将由平均覆盖度在30%下降至20%，由于地下水埋深从6m突降到10m，有4m的包气带是接近于田间持水率的，将土深在6～10m范围的包气带含水量折算为以水层厚度表示的土壤含水量为1152mm，这部分含水量可以维持覆盖度30%的天然植被慢慢下降至20%一段时间，这段时间就是衰退滞后时间，由前表可知，以20%～30%覆盖度的天然植被蒸腾耗水量为72mm/a，则由此可估算，当本区地下水埋深由6m突然降至10m，则植被衰退滞后时间约为16年。随着地下水埋深的进一步逐渐增加，稳定覆盖率将继续下降，直到小于10%。

4.4.6　分区域生态地下水位的确定

根据上述地下水补给植被的运行机理，植被吸收水分的最低条件应该是潜水影响层与根系作用层发生接触。植被根系作用层与潜水影响层相切时，对应的地下水水位即为地下水补给植被的临界埋深。对应根系作用层与潜水影响层交叉点的地下水埋深为临界埋深，其左边植被获得地下水补给，其右边地下水不能补给植被。临界埋深 G 等于植被根系层厚度 H 与潜水影响层厚度 D 之和，即 $G=H+D$。

确定临界埋深最重要的两个物理量是潜水影响层厚度 H 和植被根系层厚度 D。地下水补给植被的条件是地下水埋深 h 必须满足：$h<G$。

根据潜水影响层定义，以毛管水最大上升高度来量度潜水影响层厚度 H。

毛细水主要受到基质吸力、毛细管侧壁粘滞阻力和毛细水自身重力作用，根据Lucas-Washburn（LW）渗吸模型，当基质吸力和毛细水重力相平衡时，毛细水上升最大高度为

$$H=\frac{2\gamma\cos\varphi}{\rho gR} \tag{4-12}$$

式中：γ 为土壤水表面张力系数；φ 为接触角；ρ 为土壤水密度；g 为重力加速度；R 为土壤平均有效孔隙半径。

计算土壤毛管水最大上升高度的障碍是土壤有效毛管孔径 R，很难获得直接观测资料。根系层厚度 D 可根据实地调查获取。

根据实地调查，结合植被的生理特征描述，西区的生态地下水埋深上限约为7m。室内试验测定的吉林省西部的不同土壤质地的最大毛细上升高度见表4-15（赵海卿，2012），西区土壤质地为粉质黏土，中区和东区为是砂壤土，从表4-15中查知，东区及中区的最大毛细上升高度比西区的最大毛细上升高度小0.24m，由此，根据西区生态地下水埋深上限7m，减去最大毛细管上高度差值0.24m，确定中区与东区的生态地下水埋深上限是6.76m。

表4-15　不同分区不同土壤质地最大毛细上升高度

土壤质地	壤土	粉质黏壤土	砂质黏壤土	砂质壤土	黏壤土	壤质黏土	粉质壤土
最大毛细上升高度/cm	205	170	148	146	171	167	116

第 5 章

艾丁湖流域地下水开发利用与生态功能保护水位水量双控指标体系

5.1 地下水生态水位的概念及内涵

西北地区地带性植被为荒漠植被，而对生态环境起主要作用的是地下水维持的非地带性中生植被和旱生植被。影响植物生长的主要因素是土壤盐分和水分，两者都与地下水位高低有关，当地下水位过高时，溶于地下水中的盐分受蒸发影响会在土壤表层聚积导致盐渍化，不利于植物的生长。当地下水位过低时，地下水不能通过毛管上升到植物可吸收利用的程度，导致土壤干化、植被衰败，发生土地荒漠化。因此，保持地下水埋深的动态平衡成为维持非地带性中生植被和旱生植被稳定的关键因素。

宋郁东等（2000）将生态水位定义为能维持非地带性自然植被生长所需水分的地下水埋藏深度所对应的地下水位（简称生态水位）。地下水生态水位是一个随时空变化的函数，其上下限在不同区域的内涵也不同。赵文智（2002）根据对黑河流域生态需水和生态地下水位的研究，给出了生态地下水位的定义：由于植物根系和耐盐特征的差异，地下水位太低时导致根系达不到汲水深度而枯死，地下水位太高时又由于强烈蒸发使土壤含盐量过高而引起植物逐渐死亡，因此植物生长有各自的适宜地下水位，在一定的气候条件特别是降水条件下，维持某种植物群落壮龄阶段稳定生长而不使优势植物生境被其他植物占据的某一范围的地下水位称为某种群落生态地下水位。张长春等（2003）认为地下水生态水位是指满足生态环境要求、不造成生态环境恶化的地下水位。它是由一系列地下水位区间构成，是一个随时空变化的函数。地下水生态水位主要受地质结构、地形、地貌和植被条件等影响。郭占荣等（2005）将地下水生态埋深定义为天然植物凋萎以致死亡的地下水埋深临界值。谢新民等（2007）研究提出了地下水控制性关键水位和阈值的概念，并对西北、华北、沿海地区进行了研究。贾利民等（2015）认为干旱区地下水生态水位是指变化环境下，在地下水源汇项达到均衡的基础上，维持干旱区生态系统起主要生态功能作用的非地带性中生植被和旱生植被在其生长周期和生长区域内正常生长和发育所需的多个地下水位值（或范围）的集合。

地下水生态水位的概念对研究西北地区荒漠化植被与地下水位关系应用效果较好，但作为地下水控制性关键水位和阈值时还需要考虑生态水位的上下限（贾利民等，2015）。地下水位过高引起土壤通气性将降低，土壤中的含氧量减少，植物根系呼吸作用也相应减弱，植被的生长受到抑制；当地下水位上升至毛细管水上升高度时，强烈的蒸发作用将使土壤表层出现盐渍化或沼泽化。因此地下水生态水位的上限通常为防止土壤盐碱化又能维持植物正常生长的水位。当地下水位降低到植被根系提水能力之下，植物根部气孔关闭，植物逐渐凋萎死亡，地下水生态水位的下限通常定义为引起植被退化的地下水位。

表 5-1　　生态水位类型及划分标准

地下水生态水位类型	划　分　标　准
生态水位上限（毛细水上升高度和植被根系层厚度）	既防止土壤发生盐碱化，又能维持植物正常生长的状态地下水位
生态适宜水位	植被良好生长，生态与环境良好的地下水位
生态水位下限（极限蒸发深度）	植被退化的地下水位

5.2　生态适宜地下水位的确定

针对植被与地下水相关关系，在塔里木河、石羊河、黑河流域等地区已进行了大量研究工作，通常根据实地观测资料，通过数理统计等方法确定这一范围，建立诸多模型描述植被与地下水的关系。生态地下水位的确定目前主要根据不同地下水埋深植物种群出现的频率，结合种群的生长状况进行综合评判。常用的是将某种群出现的频率与对应的地下水位进行高斯模型模拟，然后找出种群频率最大值对应的水位埋深区间及植被生长良好的生态适宜水位。

新疆地矿局第一水文地质工程地质大队对塔里木河干流区的天然植物生长状态进行过实地调查中将植被生长状态划分为 4 种状态（表 5-2）：①生长良好，枝叶繁茂，植株密集，有青幼林（苗）生长；②生长较好，枝叶繁茂，植株较密集，缺少幼林（苗）生长；③生长不好，枝叶稀疏，植株稀疏，趋于枯萎、死亡；④枯萎死亡。植被生长较好的地下水埋深在 6m 以下。调查结果表明，乔木、灌木分布区植被生长较好的地下水埋深不能大于 7～8m，而草甸分布区不能大于 2～3m。王芳等（2002）对塔里木盆地胡杨、柽柳、芦苇、甘草、罗布麻和骆驼刺等种群频率分布最大值进行了分析，它们相对应的地下水位埋深分别为 3.2m、3.7m、1.9m、2.7m、2.9m 和 3.4m。郭占荣等（2005）根据塔里木河干流区和黑河流域下游天然植被生态调查结果，将植物生长较好的地下水埋深作为地下水生态埋深，确定内陆盆地胡杨、红柳、沙枣地下水生态埋深为 7～8m，罗布麻、甘草、骆驼刺的地下水生态埋深为 5～6m，芨芨草的地下水生态埋深为 4m 左右。

由于各地降雨量、包气带岩性结构的不同，适宜植被生长的地下水埋深也有所差别。万力等（2005）将我国西北干旱地区主要耐旱植物种，包括柽柳（红柳）、胡杨、梭梭、骆驼刺和芦苇等种群的生态地下水位进行了归纳。柽柳种群在黑河下游地区，地下水埋深 3～5m 最适合柽柳生长，在新疆塔里木河流域最适于生长的水位埋深为 1.5～3m，在河西走廊的石羊河下游最适于生长的水位埋深为 5～7m。胡杨种群在黑河下游和石羊河下游最适于生长的地下水埋藏深度为 1～3m，在地下水位埋深大于 3m 的地区，胡杨生长不

表 5-2 塔里木河干流区主要植物不同生长状态地下水埋深

植物种属	生长良好		生长较好		生长不好		枯萎死亡
	适宜范围/m	最适宜范围/m	适宜范围/m	稳定范围/m	分布范围/m	稳定范围/m	分布范围/m
胡杨	0.6～5	1～4	0.5～7	1～5	2.1～12	>7	>10
红柳	0.5～6	1.5～3	1.0～8	1～5	0.5～9.7	>7	>10
高秆芦苇	<2.2	0～2	<3		>3		
矮秆芦苇	0.3～4.0	1.5～3.5	0.3～5		>5		
罗布麻	0.5～5	1.5～3	0.5～6	1～4	>6		
甘草	0.5～4.2	1.5～3.5	0.5～6.3	1～4.5	>5		
骆驼刺	0.9～7.3	2～3.5	0.5～6	1.5～4.5	>6		

注 转引自郭占荣等（2005）。

良，退化严重，地下水埋深降至5m以下，胡杨种群基本消失。梭梭种群在极度干旱地区对地下水依存度高，生态水位埋深应小于6m。新生株的发育则要依靠冬季积雪的融化或偶发的暴雨。芦苇种群对环境的适应性强，适宜生长的生态水位埋深小于5m，最适于生长的水位埋深为1.5～3m。骆驼刺群落最适于生长的地下水埋深为2～3.5m。

5.3 生态地下水位上下限及确定方法

5.3.1 生态地下水位上限及确定方法

地下水生态水位的内涵决定了其并不是固定值，而是一个能够维持区域生态系统平衡的地下水位区间，对于西北内陆盆地而言，地下水生态水位是指不发生土壤盐渍化和天然植被退化的地下水位区间。植被能够吸收饱和带地下水的前提条件是毛细管水可上升至根系层供植物吸收利用，土壤水基本满足植物需要，同时潜水无效蒸发很少，既不产生土壤盐渍化也不发生植被退化，因此，通常将根系层厚度和毛细管水上升高度之和作为生态地下水位的上限（陈敏建等，2019）。

在相同的气候和土壤条件下，一定种群植被的根系层厚度应该一致，一般可结合植被志中对植被生理特征的描述，通过研究区实地调查确定根系层厚度。因此，准确测定和计算毛细水上升高度是确定地下水生态水位上限的关键问题（陈敏建等，2019）。

计算毛细水上升最大高度时关键是土壤有效孔径的测定，但可观测的土壤结构通常用有效粒径 d 和孔隙度 n 两个参数表达，土壤有效孔径难以直接观测，造成毛细水上升最大高度多采用经验参数计算或通过试验实测得到。但取土样进行室内试验存在的问题一是破坏了土壤原生结构，二是对于黏土的试验时间通常很长。目前，除试验测定外，确定毛细水上升高度的方法基本上采用经验公式，太沙基、A. Hazen、Polubarinova Kochina、Navis 和 Tsui、张忠胤分别提出了计算毛细水上升高度公式，具体如下。

（1）太沙基公式：

$$h_c=\frac{0.075}{d}$$

式中：d 为土粒平均直径，mm；h_c 为毛细水上升高度，m。

（2）Navis 和 Tsui 公式：

$$h_c=\frac{0.45}{d}\left(\frac{1-n}{n}\right)$$

式中：d 为土粒平均直径，mm；h_c 为毛细水上升高度，mm；n 为孔隙度。

（3）Polubarinova Kochina 公式（1962）：

$$h_c=\frac{0.45}{d}\left(\frac{1-n}{n}\right)$$

式中：d 为土粒平均直径，cm；h_c 为毛细水上升高度，cm；n 为孔隙度。

（4）张忠胤公式：

$$h_c=\frac{0.03}{(I_0+1)D}$$

式中：I_0 为黏性土结合水发生运动时的起始水力坡度；h_c 为毛细水上升高度，m；D 为孔隙平均直径，mm。

陈敏建等（2019）提出了一种利用有效粒径和孔隙度计算中粗粒土壤有效孔径的公式：

$$R=[1.581(n-39.5\%)+0.079]d$$

上述公式一般适用于砂土等中粗粒土，而对于微小颗粒（$d<0.001$mm）土壤，可能出现复合孔径，黏土中毛细水运动还受结合水粘滞力的影响，因此对于微小颗粒土壤建议采用实测方法确定毛细水上升高度。

Lehmann 等（2008）将土壤持水曲线进行线性化后，提出土壤水静力平衡状态时毛细上升高度的公式：

$$h_c=\frac{1}{\alpha(n-1)}\left(\frac{2n-1}{n}\right)^{(2n-1)/n}\left(\frac{n-1}{n}\right)^{(1-n)/n}$$

式中：α 和 n 为土壤水特征曲线 VG 模型中的经验参数；α 与土壤进气值的倒数有关；n 与孔隙大小有关。

马媛（2012）对乌兰布和沙漠地区土壤毛细水上升高度试验测定研究发现，根据理论公式和经验公式计算出的最大毛细水上升高度与试验数据相比误差较大，相对误差一般为 50%～70%，个别公式甚至高达 99%。在实践工作中一般不能直接应用经验公式进行定量计算毛细水上升高度，应与实际实验数据相结合而定量给出毛细水上升高度。

5.3.2　地下水位下降对植被的水分胁迫

当浅层土壤水分充足时，植物优先吸收浅层土壤水分，当干旱造成浅层土壤水减少时，植物转向吸取深层土壤水以满足根系对水分的需求。根系的提水作用，即将深层土壤水输送到浅层土壤过程中水分运移的驱动力是根系间的土壤水势差。只要深层根系能与毛

细水带发生联系，根系的提水作用就能缓解干旱和地下水下降对植被的水分胁迫。

地下水位下降到一定程度后，植物根系脱离毛细水带，包气带土壤含水量逐渐减少，植被处于缺水状态，发生诸多生理变化。发生枝条或叶片脱落等现象，是植被对水分胁迫的生理结构和形态的适应性调整。但这种适应能力不同植物类型间有所差异。如果地下水位下降速度小于根系生长速度，植物根系能始终保持在地下水影响带范围内，水分来源得到保障。杨属、柳属、柽柳属乔木幼苗根系生长速度可达 1～13mm/d，干旱区灌丛、草类植物根系的最大生长速度为 3～15mm/d（马媛，2012）。除上述地下水位下降幅度外，其下降速率和下降/上升变化频率对植物水分胁迫也有重要影响，下降速率越大，下降越频繁，根系水分胁迫越严重。如果地下水位下降速度大于根系生长速度，植被也将逐渐退化。

5.3.3 生态地下水位下限及确定方法

地表蒸发为土壤水蒸发和潜水蒸发之总和，而潜水蒸发随地下水埋深的增加而衰减，地表蒸发量亦同步衰减。当潜水蒸发小到无足轻重时，地表蒸发量不再随地下水埋深的增加而衰减，此时的蒸发全是土壤水的蒸发，即植物生长所需水分全部由土壤水提供。当地下水位埋深大于极限蒸发埋深时，地下水蒸发几近为零，土壤水不能通过潜水蒸发获得水分补充，导致土壤干燥、植被退化。因此，通常采用潜水极限蒸发埋深作为生态水位下限。

地下水极限蒸发埋深的确定方法通常有实测法、经验公式法和动态资料相关法等（赵海卿，2012）。实测法是利用蒸渗仪进行实测测得。经验公式法主要利用潜水蒸发的阿维扬诺夫公式，通过建立多个方程，并通过一定变换计算极限蒸发深度。动态资料相关法是利用地下水观测井水位动态资料，首先将地下水埋深、地下水水位变幅差值和地表土壤饱和时的蒸发强度三个变量进行相关分析，通过得到的回归方程计算极限蒸发深度，该方法是常用的方法。动态资料相关法计算极限蒸发埋深过程如下（赵海卿，2012）：

在地下水位观测时间序列中，选取至少 3 个水位下降时段，要求选在蒸发强度大但降水和开采影响较小，即地下水位变化主要由蒸散发引起的干旱时段，在我国北方一般选在 4—5 月、9—10 月。利用时段内最大水位埋深 h_{max}、最小水位埋深 h_{min} 计算时段内水位变幅 Δh 和平均水位埋深 $\overline{h}$：

$$\Delta h = h_{max} - h_{min}$$

$$\overline{h} = (h_{max} + h_{min})/2$$

将观测井所在地各月的蒸发强度 $\varepsilon(20)$ 转换到 $\varepsilon(601)$，以 $\overline{h}$ 为横坐标、$\Delta h/\varepsilon(601)$ 为纵坐标，绘制散点图并进行线性拟合，趋势线与横坐标的交点表示水位变幅和蒸发为零，对应水位埋深即为极限蒸发埋深。

采用动态资料相关法，赵海卿（2012）获得了吉林省西部不同土壤质地极限蒸发埋深，见表 5-3。整体上随土壤质地变细，极限蒸发埋深逐渐增大。

表 5-3　不同土壤质地的极限蒸发埋深（赵海卿，2012）

土壤质地	壤土	粉质黏壤土	砂质黏壤土	砂质壤土	黏壤土	壤质黏土	粉质壤土
极限蒸发埋深/m	4.87	5.09	5.17	5.43	6.5	6.74	7.09

黄金廷（2013）在毛乌素沙漠进行了沙柳的蒸散发随地下水埋深变化野外观测试验，实际蒸发 E 与潜在蒸发 E_p 比值随地下水埋深变化呈现两个拐点，地下水埋深小于 70cm 时，E/E_p 值为 1，地下水埋深增大到 105cm 时，E/E_p 值急剧减小至 0.24。植物实际蒸腾量与潜在蒸腾量比值 T/T_p 曲线随地下水埋深呈倒 S 形；ET/ET_p 随地下水埋深变化曲线大致以地下水埋深 70cm 为拐点，埋深小于 70cm 时，ET/ET_p 值接近于 1，大于 70cm 时，实际蒸散发与潜在蒸散发比值 ET/ET_p 值逐渐减小。这说明当地下水埋深小于该拐点埋深时，蒸散发受大气蒸发能力控制，地下水埋深大于该拐点埋深时，蒸散发主要受土壤水分含量影响。

通过以上地下水生态水位的上下限确定方法，可以看出某地区地下水生态水位上下限的确定关键在于不同土壤质地的最大毛细水上升高度和对应的裸土地下水极限蒸发埋深，以及不同植被根系深度。

5.4　艾丁湖流域地下水生态水位阈值的确定

艾丁湖所在的吐鲁番盆地本身是一个完整的水循环系统和生态系统，维持生态系统平衡的地下水位及生态系统分布都与水循环过程息息相关。在盆地水循环系统的产流区，山区降雨和冰雪融水是出山径流的主要构成，年际变化较小。地下水生态水位和地下水量调控主要是针对盆地内的人工绿洲区、自然绿洲区和荒漠植被区。

从生态地下水位的内涵可以看出，生态地下水位上下限的确定是针对完全依赖地下水的生态系统，即植物通过毛细带吸取地下水。但在内陆盆地，水循环系统的特征决定了生态系统与地下水关系也是复杂的。山区荒漠植被区天然植被可能依赖降雨和季节性洪水，泉水溢出带和泉集河的湿地沼泽植被与泉水溢出有关，在河流下游的洪水冲沟和洼地的植被可能依赖河流渗漏、季节性洪水和地下水。地下水依赖生态系统通常可以划分为依赖地下水溢出量的生态系统和依赖地下水位的生态系统。

根据吐鲁番盆地植被调查，研究区典型天然植物主要有 9 种，包括柽柳、梭梭、盐穗木、盐节木、骆驼刺、芦苇、花花柴、刺山柑、膜果麻黄。常见耐旱植物及其适宜生长的土壤含水率见表 5-4（张晓等，2016）。

表 5-4　艾丁湖流域常见耐旱植物及其适宜生长的土壤含水率

植　　物	适宜生长的土壤含水率/%	植　　物	适宜生长的土壤含水率/%
柽柳	9.5～27.7	刺山柑	1.73～17.85
梭梭	3.4～24.8	芦苇	3.45～36.45
骆驼刺	0.87～27.12		

艾丁湖流域常见耐旱植物根系长度见表5-5。

本次野外植被分布类型的调查方法采用方格法调查，调查艾丁湖流域自然绿洲区，面积为$1323km^2$，确定了艾丁湖流域自然绿洲区1∶50000植被类型分布图，如图5-1所示。结合前人对西北干旱区地下水生态水位研究成果，考虑艾丁湖流域具体植被、土壤分带，初步建立艾丁湖流域地下水生态水位控制指标分带。

表5-5　　艾丁湖流域常见耐旱植物根系长度

植　　物	根系长度/cm	最长根系/cm
柽柳	92	
梭梭	190	500
骆驼刺		
当年生骆驼刺幼苗	155	
成龄骆驼刺	1200	3000
刺山柑		
芦苇	3	100～220（不定根）
膜果麻黄	130	
盐爪爪	20～40	
白刺	0～20	190

数据来源：《中国北方草地植物根系》。

根据吐鲁番盆地土壤质地分布（图5-2），利用土壤质地数据库中的砂、粉砂、黏土含量以及土壤密度，利用ROSETTA软件计算各种土壤质地对应的土壤水分特征曲线VG模型参数，然后利用经验公式计算毛细水上升高度（图5-3），结合吐鲁番盆地植被类型分布，并参照不同土壤的地下水极限蒸发埋深及不同植被根系深度，最终确定地下水生态水位下限（图5-4）。

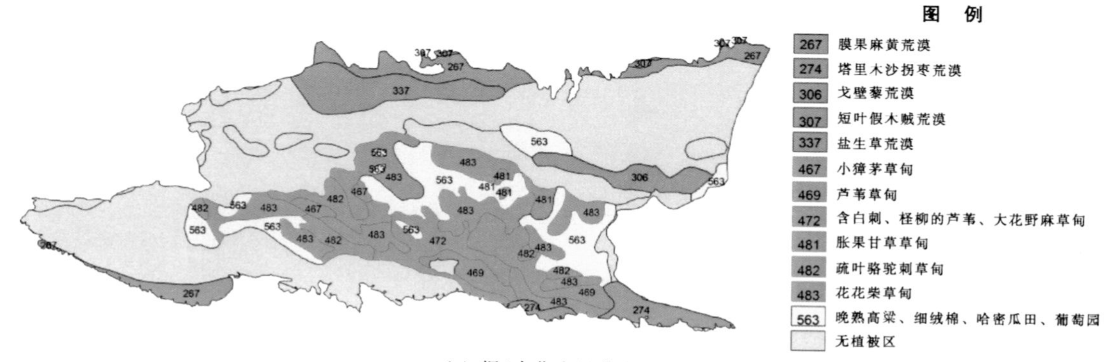

(a) 据《中华人民共和国植被图》

图5-1（一）　吐鲁番盆地植被类型分布

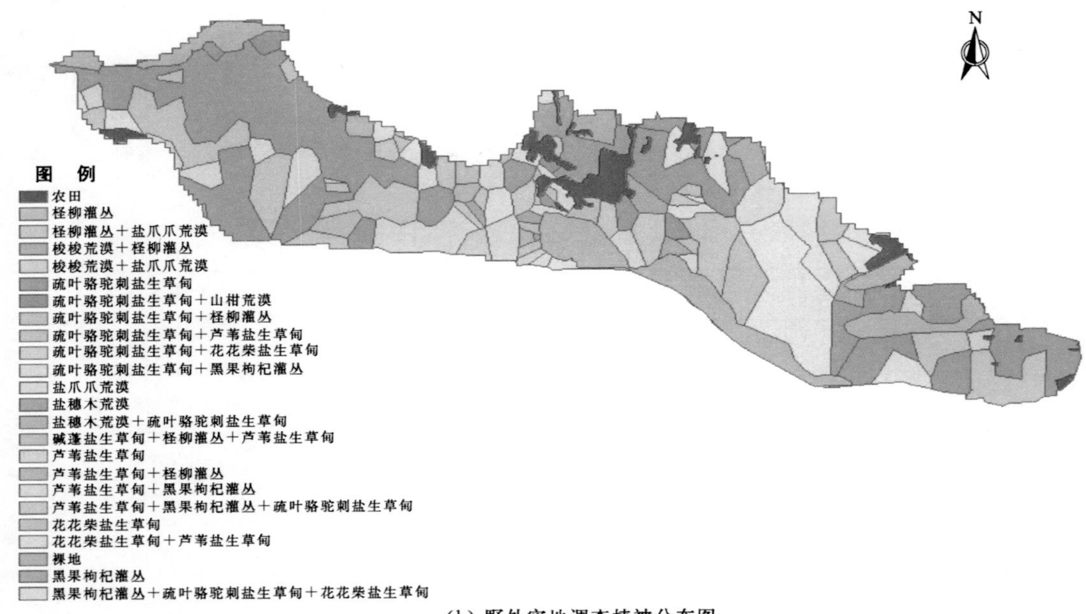

(b) 野外实地调查植被分布图

图5-1（二）　吐鲁番盆地植被类型分布

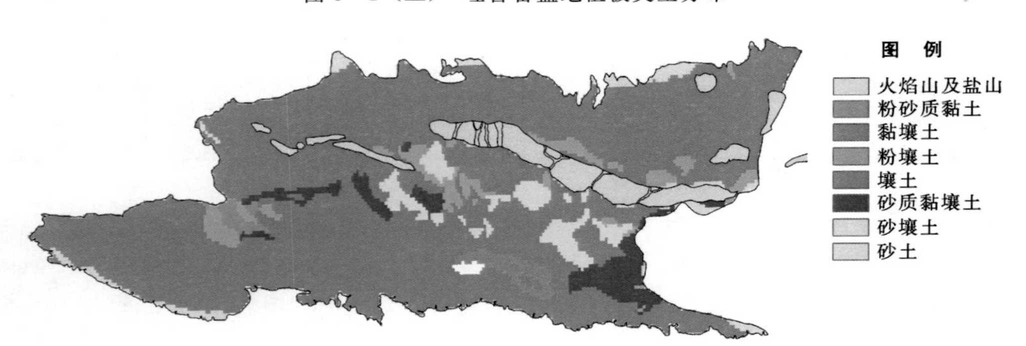

图5-2　吐鲁番盆地土壤质地分布（USDA分类）

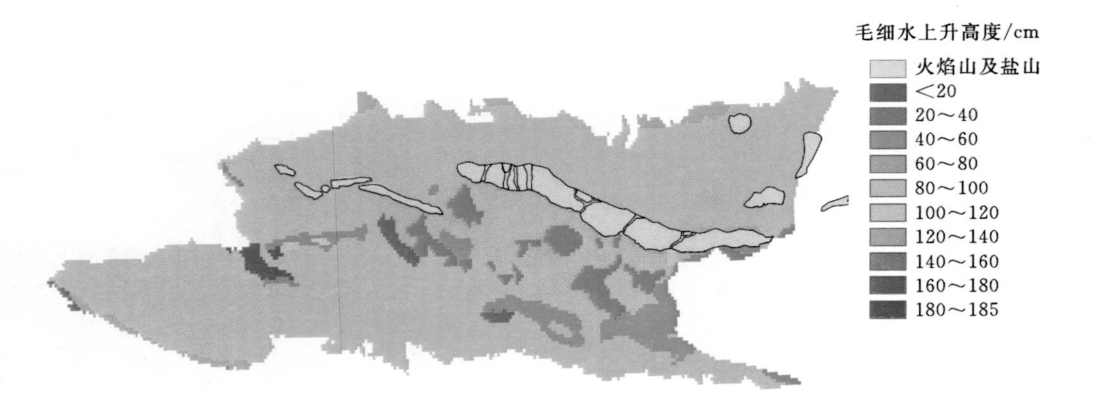

图5-3　吐鲁番盆地土壤毛细水上升高度分布

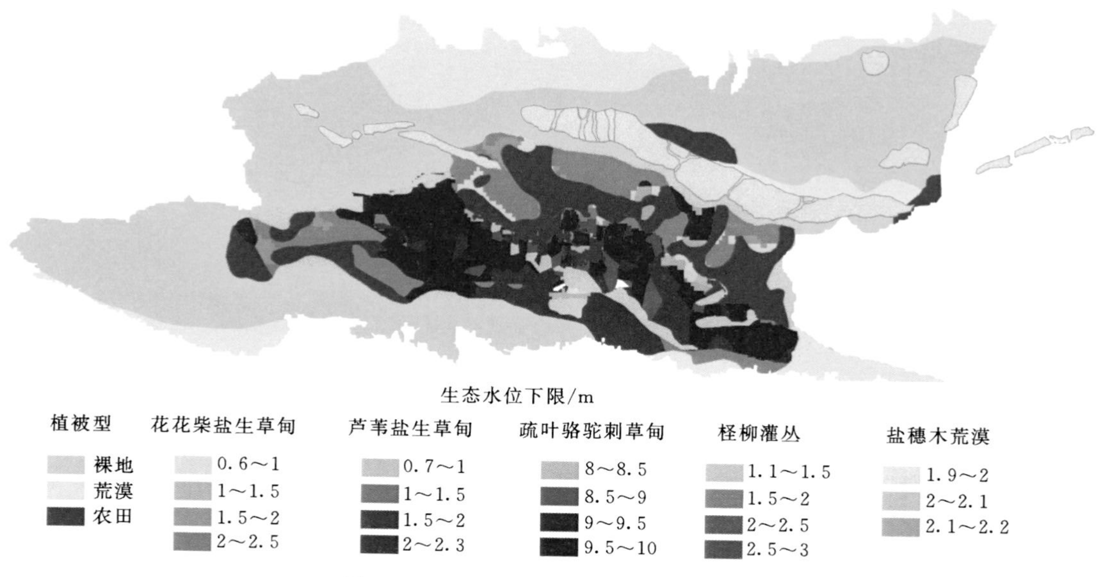

图 5-4 吐鲁番盆地生态水位下限分布

5.5 地下水水量水位控制分区

在艾丁湖流域地下水功能分区的基础上，将地下水功能分区与县级行政分区嵌套，并将自然绿洲区植被群落进行综合分区，形成艾丁湖流域地下水生态功能分区，共分为人工绿洲区、生态脆弱区（自然绿洲区）和生态敏感区三大区，见表 5-6、表 5-7、图 5-5、图 5-6。人工绿洲区分为：高昌区北盆地（C1）；高昌区南盆地（C2）；鄯善北盆地（C3）；鄯善南盆地（C4）；托克逊（C5）。生态脆弱区自然绿洲区分为：疏叶骆驼刺草甸（N1）；芦苇盐生草甸，柽柳灌丛（N2）；柽柳灌丛＋盐穗木荒漠（N3）；疏叶骆驼刺草甸＋柽柳灌丛（N4）；骆驼刺盐生草甸＋花花柴盐生草甸（N5）共 14 个分区，生态敏感区主要是戈壁。其中，对自然绿洲区根据不同群落的生态水位以及现状（2017 年）设置水位控制目标，保证艾丁湖湖区以及以西天然植被草场不再继续退化，人工绿洲区设置地下水开采量控制目标，保证绿洲区地下水实现采补平衡。但人工绿洲区实现地下水采补平衡以前，由于仍处于超采状态，地下水位将继续下降，有可能导致南盆地艾丁湖以北自然绿洲区地下水位下降，引起天然植被继续退化。

表 5-6 艾丁湖流域地下水生态指标体系

分区		位置、地貌特征	分区编号	植被种类	土壤岩性、类型	控制指标	指标层	生态水位
生态敏感区	山前戈壁荒漠植被区	山前戈壁平原	D1、D2、D3	—	砂砾	—	—	—

续表

分区		位置、地貌特征	分区编号	植被种类	土壤岩性、类型	控制指标	指标层	生态水位
人工绿洲区	北盆地人工绿洲区	北盆地人工绿洲，地下水溢出带	C1、C3	栽培植物	粉土、粉质黏土	地下水位、地下水开采量	地下水开采量	现状开采量
							地下水控制水位上限	2～3m
							地下水控制水位下限	现状水位
	南盆地人工绿洲区	南盆地	C2、C4、C5	栽培植物	粉土、粉质黏土	地下水位、地下水开采量	地下水开采量	采补平衡开采量
							地下水控制水位上限	2～3m
							地下水控制水位下限	采补平衡水位
自然绿洲区	低地草甸	艾丁湖西部、北部	N1、N4、N5	骆驼刺	粉土、粉质黏土	生态地下水位	天然植被生长状况	生长良好
							地下水生态水位上限	2～3m
							地下水生态水位下限	8～10m
	灌丛植被区	艾丁湖北部、西部洪水冲沟、平原洼地	N2	芦苇、柽柳	粉土、粉质黏土、黏土	生态地下水位	天然植被生长状况	生长良好
							地下水生态水位上限	2～3m
							地下水生态水位下限	4～5m
	艾丁湖周边荒漠植被区	艾丁湖核心区周边，地势低洼，地表分布大量盐碱壳	N3	盐穗木	粉土、粉质黏土、黏土	生态地下水位	天然植被生长状况	生长良好
							地下水生态水位上限	2～3m
							潜水矿化度	<19g/L

表5-7　艾丁湖流域主要地下水生态功能区及水量水位双控分区

生态功能分区	水量水位双控分区	分区代码	面积/km^2
人工绿洲区	高昌区北盆地	C1	76
	高昌区南盆地	C2	992
	鄯善县北盆地	C3	437
	鄯善县南盆地	C4	478
	托克逊	C5	714
自然绿洲区	疏叶骆驼刺草甸	N1	469
	芦苇盐生草甸，柽柳灌丛	N2	196
	柽柳灌丛+盐穗木荒漠	N3	84
	疏叶骆驼刺草甸+柽柳灌丛	N4	181
	骆驼刺盐生草甸+花花柴盐生草甸	N5	551

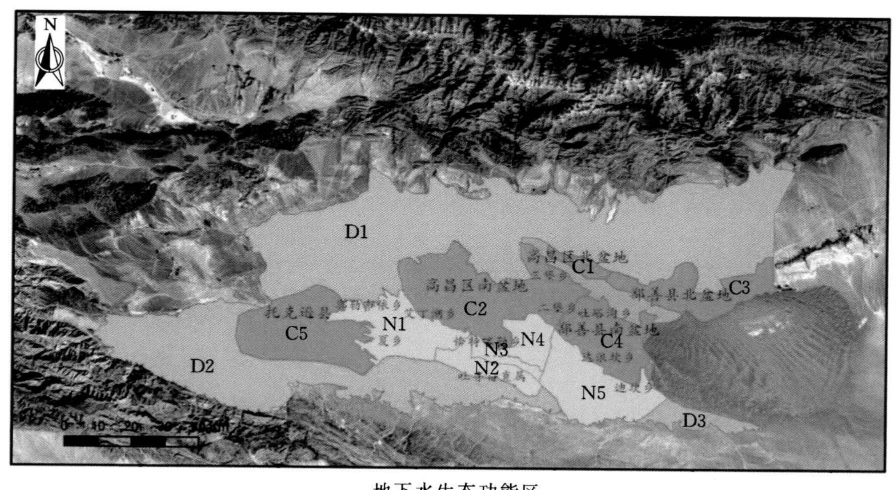

图 5-5　艾丁湖流域地下水生态功能区及地下水水量水位双控分区

(a) 山前戈壁

(b) 沼泽植被区（大草湖）

(c) 人工绿洲区

(d) 天然草甸

图 5-6（一）　艾丁湖流域典型生态景观

(e) 灌丛植被区

(f) 盐生植被

图 5-6（二）　艾丁湖流域典型生态景观

第 6 章

示范区基本情况

6.1 示范区的选取

6.1.1 示范区的选取原则

（1）典型性原则。选取地下水位下降速率较快、超采明显的农业用水区作为示范区。

（2）代表性原则。选取示范区应具有代表性，示范区能代表艾丁湖流域的整体情况。

（3）经济性原则。本着经济可行的原则，示范区可结合当地高效节水灌溉工程选取。

6.1.2 示范区的选取分析

艾丁湖镇属于地下水超采区，属于地下水水位年均持续下降的区域，地下水位下降速率较快。

艾丁湖镇位于吐鲁番市西南 17km 处，是一个以农业为先导，农牧结合相互互补、共同发展的农牧业乡。艾丁湖镇西然木村位于人工绿洲区和天然植被区交界位置，如图 6-1 所示；农业灌溉水源为地下水和地表水双水源，以地下水水源为主。

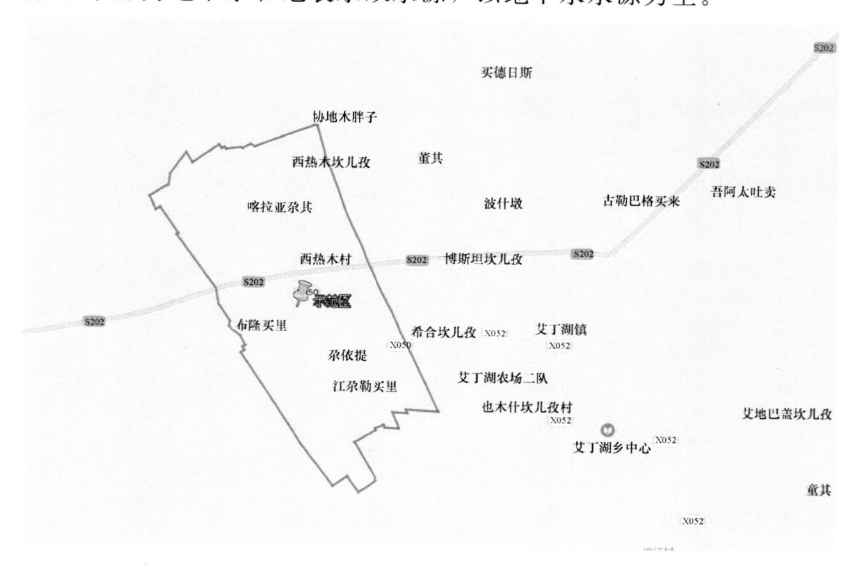

图 6-1 示范区地理位置示意图

西然木村北侧为未开发的戈壁区，西侧为天然植被区，东侧和南侧为人工绿洲区。该区域示范区（艾丁湖镇西然木村）水权面积为6589亩，当地政府拟在该区域实施两水统管，采取节水措施，建立了水量、水位监测设施，共投资329.8万元，这为在该区域建立示范区提供了基础条件。本着经济可行等原则，以艾丁湖镇西然木村为本研究农业用水典型示范区。本研究结合示范区实施的节水压采措施——水源置换、滴灌、渠道防渗等，进行跟踪分析、补充调查、确定生态地下水位，通过地下水数值模拟计算、水均衡法计算等方法，分析节水压采措施对提高地下水利用率、减缓地下水位下降的作用，客观评价其节水压采的成本和效益；最终定量分析示范推广应用对维护艾丁湖流域地下水储量的影响及提高应急供水能力的潜力。

6.2　社会经济

艾丁湖镇总耕地面积3.2万亩，辖属6个村委会、23个自然村，总户数4074户，总人口19337人。

艾丁湖镇地处南北疆交通要道，距离312国道17km，自然条件独特，全年日照时间长，无霜期多达220多天，特别适宜葡萄、孜然、西甜瓜、棉花生长。

艾丁湖镇有近40多万亩的天然草场基地，各类饲草含有大量的蛋白质、无机盐，所生成的牛羊肉特别鲜嫩，每年育肥牛羊40多万头（只）。葡萄、孜然、西甜瓜、牛羊肉已经成为了艾丁湖镇农牧业生产的支柱产业。

艾丁湖镇西然木村位于艾丁湖最西部，2004年由原西然木村和阿其克村合并而成。分4个村民小组，共1009户、4687人。其中，汉族3户6人，维吾尔族1006户4681人。

6.3　河流水系

示范区附近河流水系示意图见图6-2。示范区位于艾丁湖镇西然木村，属大河沿河流域，示范区附近有大旱沟泉水和三个泉河。

大河沿河发源于库鲁铁列克达坂，出山口以上河长54km，集水面积724km^2，河流出山口后在山前冲洪积扇地带漫流大量流失，铁路桥以下河床宽达1～2km，除夏季洪水外出山口以下一定范围已断流，出山口处多年平均年径流量为1.41亿m^3，水量较小；大河沿河干流出山口以上建有一座渠首和一座取水渠首，出山口处建有一座地下水水源地，较大洪水时有一部分水量直接进入艾丁湖。

大旱沟为泉水沟，位于221团南部，由地下水在火焰山北部出露汇集而成，泉水沟长1.36km，泉水流量较稳定，为0.435m^3/s，年径流量为1370万m^3。

三个泉河原名铁泉，发源于北部天山中低山区，河源海拔2367m，流经大河沿镇、艾丁湖镇、大草湖水源地、亚尔镇，最终注入白杨河。三个泉河为季节性河流，河水流量主要集中在夏季洪水期。

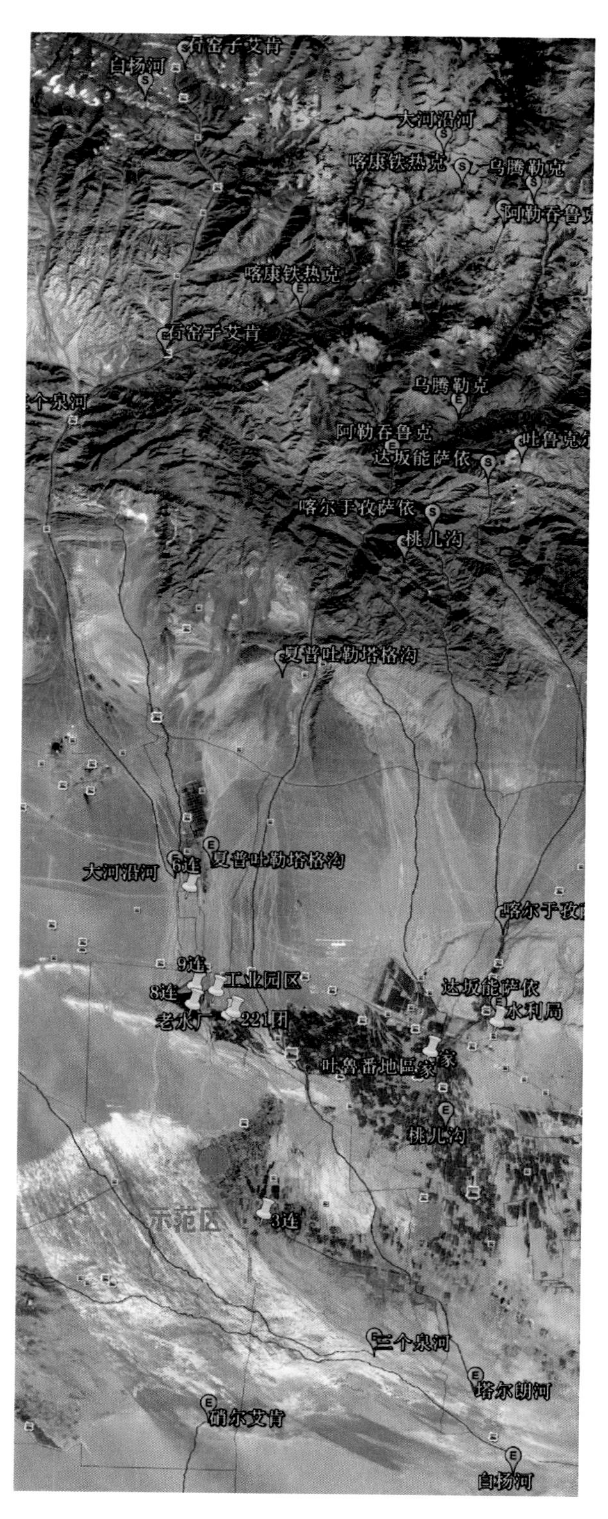

图 6－2　示范区附近河流水系示意图

6.4　种植结构

示范区灌溉面积为6589亩，示范区内现有机电井28座（其中农灌机电井24座），低压管道计量点22处，明渠计量点3处；灌溉方式为机井灌溉和管道灌溉，主要种植作物有葡萄、高粱、西瓜等，其中葡萄、果树为多年生植物，种植面积不适宜做调整；西瓜、孜然、高粱和蔬菜为单年生植物。为减少农灌用水量，本研究人员尽力宣扬种植单位面积灌溉用水量少的作物（西瓜、孜然、蔬菜等），减少高耗水作物（高粱）的种植面积，但实际种植结构与农民意愿有很大关系，西然木村为农牧养殖区，高粱为农牧业的主要饲料，最终根据实际统计得到示范区内2016—2020年种植结构见表6-1。

表6-1　　示范区内2016—2020年种植结构表

作物	2016年		2017年		2018年		2019年		2020年		多年平均	
	种植面积/亩	所占比例/%	种植面积/亩	所占比例/%	种植面积/亩	所占比例/%	种植面积/亩	所占比例/%	种植面积/亩	所占比例/%	种植面积/亩	所占比例/%
葡萄	1155	14.2	1155	15.7	1155	15.1	1155	14.7	1155	13.6	1155	14.6
果树	1265	15.5	1265	17.2	1265	16.5	1265	16.1	1265	14.9	1265	16.0
西瓜	1700	20.9	1850	25.1	1679	21.9	1480	18.8	1860	22.0	1714	21.7
孜然	610	7.5	650	8.8	600	7.8	470	6.0	780	9.2	622	7.9
高粱	1770	21.7	1589	21.6	1790	23.4	2039	25.9	1494	17.7	1736	22.0
蔬菜	89	1.1	80	1.1	100	1.3	180	2.3	35	0.4	96.8	1.2
高粱（复种）	1559	19.1	774	10.5	1071	14.0	1278	16.2	1873	22.1	1311	16.6
合计	8148	100	7363	100	7660	100	7867	100	8462	100	7900	100

6.5　示范区地下水跟踪监测

6.5.1　示范区地下水开采量跟踪观测

示范区内现有机电井28座，位置分布示意图见图6-3。2017年6月，示范区机电井全部安装了计量水表，可计量地下水抽取量。采用TDS-100系列插入式超声波流量计。

地下水位观测井的选取原则：①观测期内不抽水；②地下水位观测井分布可代表示范区特征。

根据以上原则，选取了示范区附近54个机电井作为地下水位观测井，分别于2018年5月、2018年11月、2019年4月、2020年11月现场进行了地下水位的测量。

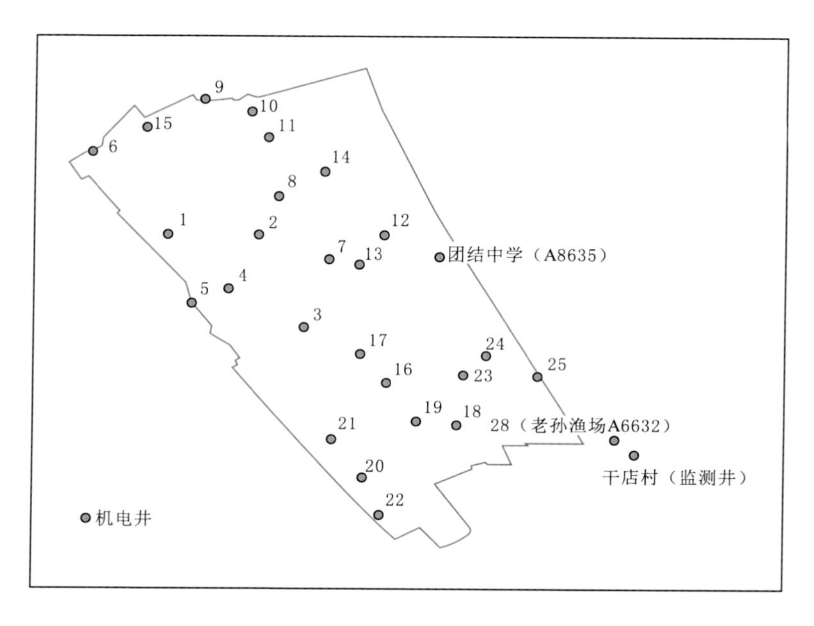

图 6-3 示范区机电井及监测井位置分布示意图

6.5.2 示范区地下水位观测井情况

根据调查，示范区附近已建 1 个地下水位观测井（SL008 艾丁湖镇干店村监测点）（以下简称“示范区监测井”）。

示范区监测井自 2016 年 11 月开始自动检测逐时地下水位，每 4h 进行一次数据自动记录。因设备故障、更新系统、疫情影响等原因，2017 年 8 月至 2018 年 10 月、2019 年 7 月至 2020 年 6 月地下水位观测资料缺失。已经监测到地下水位资料时段为 2016 年 11 月至 2017 年 8 月、2018 年 10 月至 2019 年 7 月、2020 年 6 月至 2021 年 5 月。

6.6 示范区地表水计量设施

示范区内现有低压管道计量点 22 处、明渠计量点 3 处，主要实施对示范区内灌溉渠道、管道的取水流量数据自动化监测，并能将数据上传至高昌区数据监测中心，实现对数据的存储、计费、分析和处理功能。为保证监测数据的准确性和可靠性，每 1～2 个月在大草湖干渠处，安排专人在大草湖干渠入示范区渠道口处进行流量监测，进行计量精度率定。示范区内低压管道计量采用超声波流量计，计量点分布见图 6-4。

示范区内明渠计量点 2 处，分别为团结三站、阿其克站；上述两个明渠计量点均为大草湖干渠至示范区的地表水明渠计量点，采用浮子式水位计监测水位，见图 6-5。

图 6-4 示范区管线及低压管道计量点分布示意图

图 6-5 示范区团结三站明渠计量点现场

6.7 水文地质

6.7.1 含水层富水性

示范区含水层具有多层结构潜水—承压水，广泛分布于冲洪积平原中—下部的细土带，第四系沉积厚度为100～500m，地层岩性由周边向中心依次为砂砾石、中粗砂、中细砂、粉细砂，隔水层岩性为亚黏土、亚砂土。示范区潜水含水层富水性中等、浅层承压水富水性丰富，各富水性特征如下。

1. 潜水

水量中等区：呈环状分布于艾丁湖外围区的托克逊夏乡大地村以南—吐鲁番市艾丁湖乡一带，水量丰富区东南侧，含水层岩性为中粗砂、中细砂，换算涌水量为100～782.0m^3/d，渗透系数一般为2～10m/d；水位埋深为1～3m；位于托克逊县大地村西北地段，水化学类型为SO_4 · HCO_3—Ca · Na（或Mg · Na），向东南方向（艾丁湖）逐渐变为SO_4 · Cl—Na · Mg（或Na · Ca）型、Cl · SO_4—Ca · Na（或Na · Ca）；溶解性总固体由西北方向向东南方向逐渐增高，地下水溶解性总固体由托克逊县大地村西北地段（TK9）附近的小于1.0g/L向东南方向逐渐变为1.0～10.0g/L。

2. 浅层承压水

该系统承压水区分布于托克逊县城西部的伊拉湖乡—托克逊县城—吐鲁番艾丁湖乡—恰特卡勒乡一带，该区东西长72.0km，南北宽23.5km，主要由多层结构的非自流承压水区和自流水区构成。

水量丰富区：呈条带状近东西向分布于托克逊县伊拉湖乡—夏乡大地村—吐鲁番市艾丁湖乡一带，阿拉沟—白杨河山前冲洪积平原中—下部，含水层岩性为砂砾石、中粗砂，单层厚度为5.0～25.0m，隔水层以粉土、黏土为主，单层厚度为5.0～15.0m，渗透系数一般为3.06～16.45m/d；由西向东第一层承压含水层顶板埋深由40～70m变为17.0m左右，由北向承压水中心第一层承压含水层顶板埋深由30～40m变为15.0m左右，水化学类型HCO_3—Ca型或HCO_3 · SO_4—Ca · Na型水，溶解性总固体一般小于1.0g/L，水质较好。

6.7.2 示范区补给排特征

1. 输入系统

该系统输入项包括北部、西部和南部峡口状输入边界的输入和系统内的垂直入渗输入，前者输入项主要为白杨河、阿拉沟、乌通斯沟、祖鲁木图沟和苏贝希沟沟谷潜流量，后者输入项为河道入渗、渠系入渗、湖泊、水库入渗、田间灌溉入渗、暴雨洪流入渗。

2. 运移系统

该系统内地下水的运移以水平运移为主，运移方向自北、西、南三面向冲洪积平原的细土带（即托克逊县城以东白杨河河谷）汇集，并沿白杨河河道向艾丁湖运移。垂直运移主要发生在各河流出山山口、冲洪积平原扇缘地带。冲洪积平原上部，含水层颗粒较大，地下水运移条件较好，河道来水在此全部入渗地下，运移方式为水平径流，地形坡度5‰～20‰，水力坡度2‰～5‰。冲洪积扇中部，含水层颗粒逐渐变小，含水层结构渐变为多层结构，地下水运移条件变差，运移方式以水平径流为主，地形坡度1‰～3‰，水力坡度1‰左右。冲洪积扇下部，含水层颗粒进一步变细，含水层层数增多，厚度变薄，运移条件变得极差，运移方式以潜水垂直蒸发为主，水平运移极为缓慢。

3. 输出系统

系统内地下水的输出主要包括东部边界的侧向径流输出和系统内的输出。

第 7 章

示范区实施和运行

7.1 压采措施实施前示范区用水量

示范区 2016 年灌溉用水量采用“以电折水”方法计算。计算得到 2016 年示范区灌溉用水量为 529 万 m^3，其中，地表水灌溉用水量为 229 万 m^3，占总灌溉用水量的 43%；地下水灌溉用水量为 300 万 m^3，占总灌溉用水量的 57%。示范区 2016 年地下水开采过程线见图 7-1，灌溉方式见图 7-2。

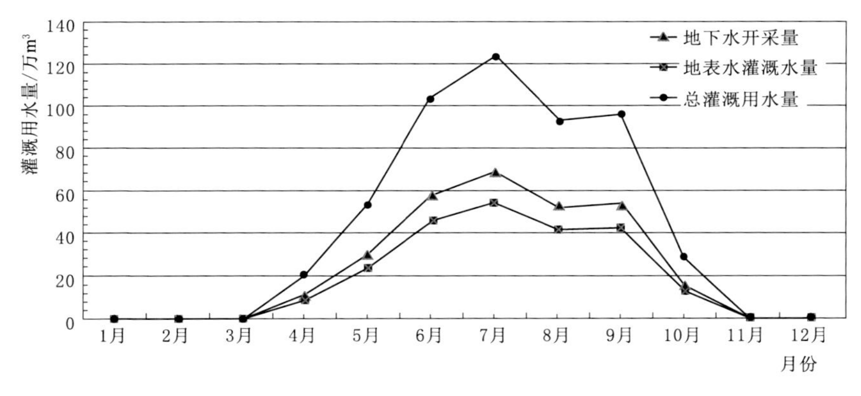

图 7-1　示范区 2016 年地下水开采过程线

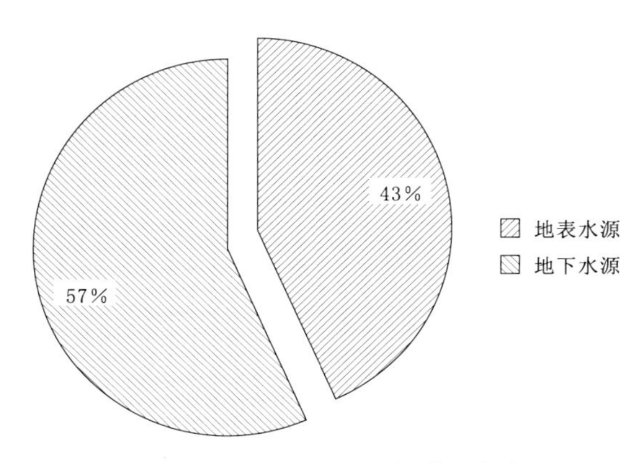

图 7-2　示范区 2016 年灌溉方式

7.2　压采措施实施情况

2017年，农业用水典型示范区（艾丁湖镇西然木村）开始实施节水压采示范，在艾丁湖镇西然木村推行地下水、地表水统一管理、统一调配，主要工程措施包括渠道防渗改造、计量设施建设等。

7.2.1　实施进展及工程投资

1. 宣传动员阶段（2017年5月1—15日）

积极利用多种媒体对节水压采示范宣传报道，大力宣传本地水资源形势和水利改革的紧迫性和重要意义：①通过高昌区政府门户网站开设水利改革专栏，宣传改革内容、相关政策和部分问题答疑；②在电视台、广播和报纸等传统媒体上进行宣传，利用黄金时段轮流播出和报纸主要版面刊登水利改革相关知识；③制作活动展板并利用城乡流动宣传车，在高昌区主要街道和城乡结合部进行巡回广播宣传水利改革知识；④利用手机短信和微信平台等主流媒体开展大众宣传；⑤制作并印刷水利改革宣传手册，利用乡镇场巴扎日下乡入村进行宣传，让全区干部群众家喻户晓。

2. 调查摸底阶段（2017年5月16日至6月5日）

对试点区艾丁湖镇水资源及利用现状、农业灌溉渠系分布情况、灌溉面积等进行详细摸底调查并完成试点区输水渠道改造实施方案（5月16—31日完成）。按照吐鲁番市农业用水灌溉定额和不同作物种类确定区域内用水总量并量化到户（6月1—5日完成）。

3. 工程实施阶段（2017年6月6日至9月15日）

示范区改造防渗渠14.5km，新建防渗渠5.5km（6月6日至9月15日）；安装地下水计量设施28套、地表水计量设施25套（6月6日至8月31日）。管理房建设（8月1—31日）。

4. 运行前准备阶段（2017年9月1日至10月1日）

完善管理制度、建立信息平台、人员培训。

5. 运行阶段（2017年10月之后）

从2017年10月起，艾丁湖镇西然木村灌区用水户全面推行地表水、地下水实行统一管理、统一调配。

7.2.2　压采措施

1. 水源置换

通过地下水、地表水统一管理、统一调配，推动农业灌溉方式改变，转变供水方式，使农业灌溉用水由井水为主向河水与井水相结合转变。由单一的水资源管理模式转为地表水、地下水“两水统管、统一维护”的新模式，为推动科学开发、合理配置、高效利用水资源起到积极推动作用。

2. 渠道防渗

实施配套工程建设。通过改善渠道防渗建设、渠系配套，提高灌溉水利用系数，减少输水损失。

3. 计量管理和总量控制

示范区内现有机电井 28 座、低压管道计量点 22 处、明渠计量点 3 处。通过计量设施的安装，准确计量用水量，实施定额灌溉。

核定灌溉面积，确定用水量。高昌区水利局组织技术人员对示范区内水利工程及用水情况进行摸底调查，核实确定用水户的水权，示范区水权面积为 6589 亩。执行定额管理、总量控制，限定取用水量。

4. 成立农民用水户协会

通过成立村级农民用水户协会，推行水量公开、水价公开、水费公开的“三公开”制度，避免搭车收费、乱收费、乱摊派，让用水户用明白水、交明白钱。

7.3 示范区灌溉用水量

因资料限制，示范区地下水灌溉用水量采用“以电折水”方法计算；地表水灌溉用水量采用计量设施计量值。

7.3.1 地下水开采量

示范区地下水灌溉用水量的计算采用“以电折水”方法计算。针对农业灌溉地下水利用特点，采用“以电折水”方法获取农业地下水实际开采量，即通过历史实际用电量数据和单井每度电开采量试验参数进行核算。计算公式如下：

$$W_{井}=KE_{电} \tag{7-1}$$

式中：$W_{井}$ 为机电井取水量，万 m^3；K 为机电井每度电取水量，$m^3/(kW \cdot h)$；$E_{电}$ 为机电井用电量，$kW \cdot h$。

根据示范区机电井计量设施计量数据，2020 年示范区机电井计量设施计量数据较为全面、准确，以 2020 年为代表年，计算示范区内 24 座灌溉机电井每度电取水量。2020 年示范区内机电井取水量为 250 万 m^3，用电量为 142 万 $kW \cdot h$，计算得到 K 值为 $1.76m^3/(kW \cdot h)$。

根据吐鲁番市水利局调查数据，艾丁湖镇机电井每度电取水量为 $2.68m^3/(kW \cdot h)$，其中，示范区所在的庄子村机电井每度电取水量为 $2.04m^3/(kW \cdot h)$。庄子村与西然木村比邻，本次计算 K 值与庄子村相近，计算值合理。

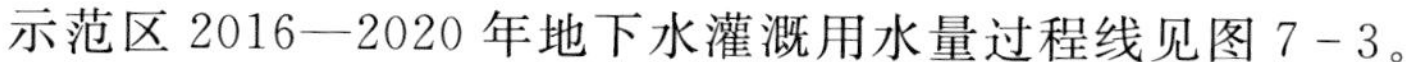

示范区 2016—2020 年地下水灌溉用水量过程线见图 7-3。

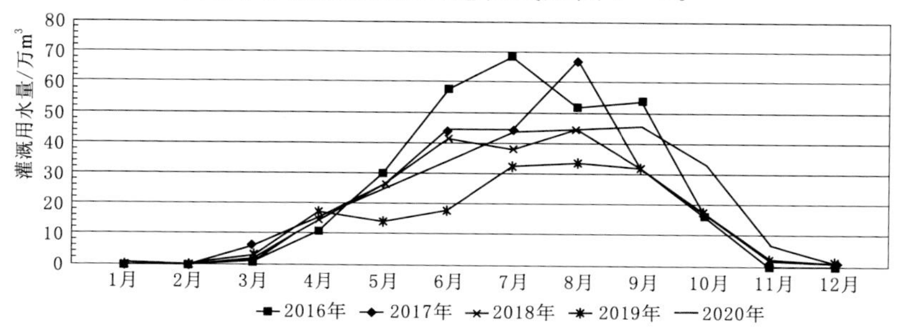

图 7-3 示范区地下水灌溉用水量开采过程线（2016—2020 年）

根据实际调查及艾丁湖镇水管所提供资料，示范区内28座机电井中，有24座机电井用于农业灌溉，剩余4座机电井供生活（学校）和养殖业用水，合计供水量为1万 m^3/a。示范区地下水开采过程线见图7-4。

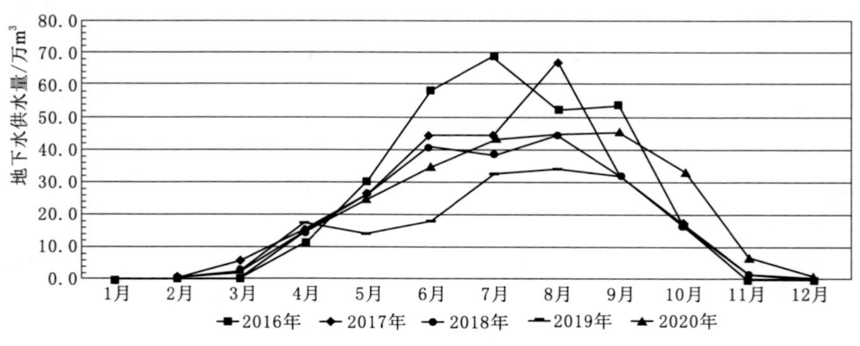

图7-4　示范区地下水开采过程线（2016—2020年）

7.3.2　示范区地表水灌溉用水量

根据前述3个监测点实测数据，示范区2016—2020年地表水灌溉用水量过程线见图7-5。

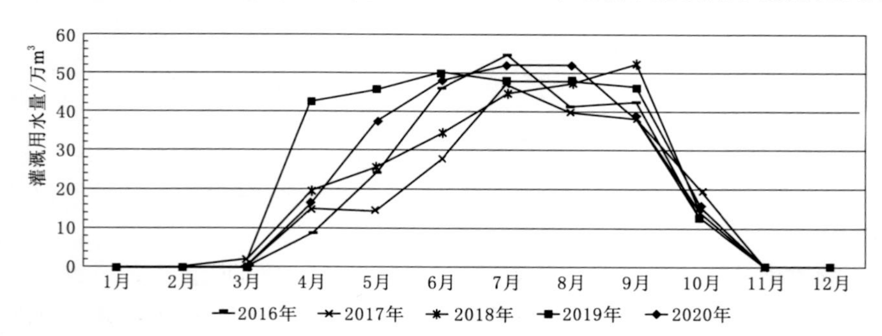

图7-5　示范区地表水灌溉用水量过程线（2016—2020年）

7.3.3　示范区灌溉用水量

示范区2016—2020年灌溉用水量过程线见图7-6。

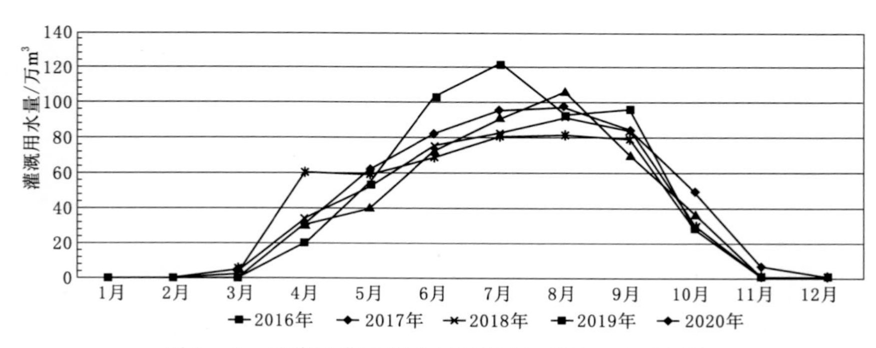

图7-6　示范区灌溉用水量过程线（2016—2020年）

7.4 示范区地下水埋深变化分析

7.4.1 实测地下水埋深

示范区附近已建1个示范区监测井，位于示范区东南角边界向南约480m，可以代表示范区的地下水动态特征变化。其地下水埋深变化过程见图7-7。

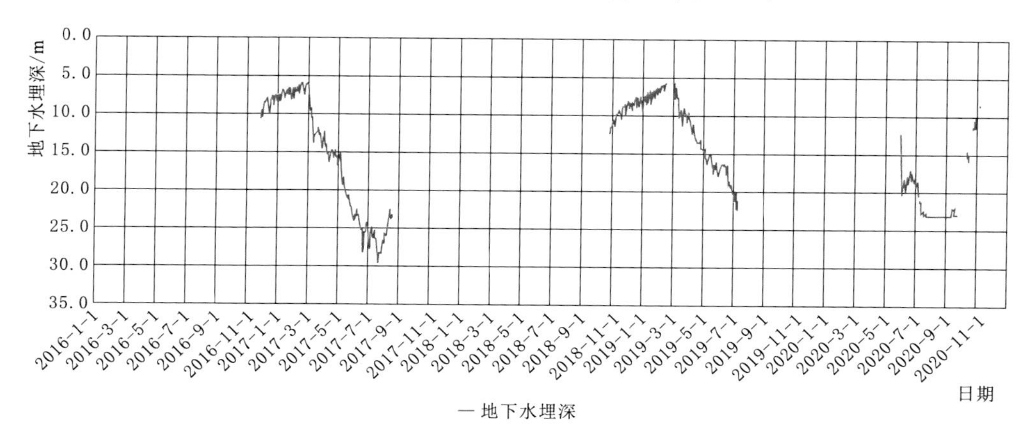

图7-7 示范区附近观测点地下水埋深变化过程

7.4.2 年内变化特征

SL008地下水位观测点地下水埋深变化过程见图7-7。由图可知：干店村监测井2016—2020年地下水埋深年内变化趋势基本相同。在3月地下水埋深出现开始增加的趋势，在7—8月达到峰值后开始逐渐减少，年内峰值一般出现在7月，见表7-1。

表7-1 监测井地下水埋深年内特征值统计表

年份	最大值/m	发生日期	年份	最大值/m	发生日期
2016	—	—	2019	22.5	7月10日
2017	29.5	7月21日	2020	23.0	7月27日
2018	—	—			

7.4.3 年际变化特征

因监测井维修、调试等因素，2016年以来监测井监测地下水埋深数据部分缺失，针对观测到的数据进行示范区地下水埋深年际变化特征分析。

2018年之前，示范区灌溉用水量采用大草湖灌区地表水和当地地下水。2018年之后，示范区开始实施压采措施，增加地表水使用量，减少地下水使用量，采用节水措施。以压采措施实施前（2016年和2017年）和压采措施实施后（2018—2020年）地下水埋深监测数据进行对比，分析压采措施实施前后示范区地下水埋深的变化，见表7-2。

表 7-2　　示范区监测井地下水埋深年际变化分析表

日期	地下水埋深值/m					地下水埋深减少值/m
	2016年	2017年	2018年	2019年	2020年	
1月1日至7月10日	—	15.10	—	12.20	—	2.91
6月3日至7月27日	—	25.60	—	—	19.78	5.82
11月25日至12月31日	8.40	—	8.33	—	—	0.07

1. 2017年度和2019年度数据对比分析

2017年度和2019年度，均有1月1日至7月10日地下水埋深监测数据。由表7-2可知，1月1日至7月10日地下水埋深监测数据明显可以看出，2019年度地下水埋深均较2017年度有所上升，2019年度1月1日至7月10日地下水平均埋深12.20m较2017年度同期值15.10m减小了2.91m。

2. 2017年度和2020年度数据对比分析

2017年度和2020年度，均有6月3日至7月27日地下水埋深监测数据。由表7-2可知，6月3日至7月27日地下水埋深监测数据明显可以看出，2020年度地下水埋深均较2017年度有所减小，2020年度6月3日至7月27日地下水平均埋深19.78m较2017年度同期值25.60m减小了5.82m。

3. 2016年度和2018年度数据对比分析

2016年度和2018年度，均有11月25日至12月31日地下水埋深监测数据。由表7-2可知，11月25日至12月31日地下水埋深监测数据明显可以看出，2018年度地下水埋深均较2016年度有所减小，2018年度11月25日至12月31日地下水平均埋深8.33m较2016年度同期值8.40m减小了0.07m。

综上所述，2017年10月示范区开始正式实施压采措施，导致2019年1月1日至7月10日地下水平均埋深较2017年度同期值地下水平均埋深减小了2.91m；2020年6月3日至7月27日地下水平均埋深较2017年度同期值地下水平均埋深减小了5.82m；2018年11月25日至12月31日地下水平均埋深较2016年同期值地下水平均埋深减小了0.07m。示范区实施压采，对地下水水位上升有一定的作用。

7.4.4 空间分布特征

由于资料的限制，以2017年非灌溉期示范区地下水位等值线为代表，分析得到地下水位空间分布特征和流向（图7-8）为：非灌溉期示范区地下水位自北向南逐渐降低，自北向南流动。在地下水自然状态下，示范区非灌溉期不袭夺其西侧自然植被区地下水。

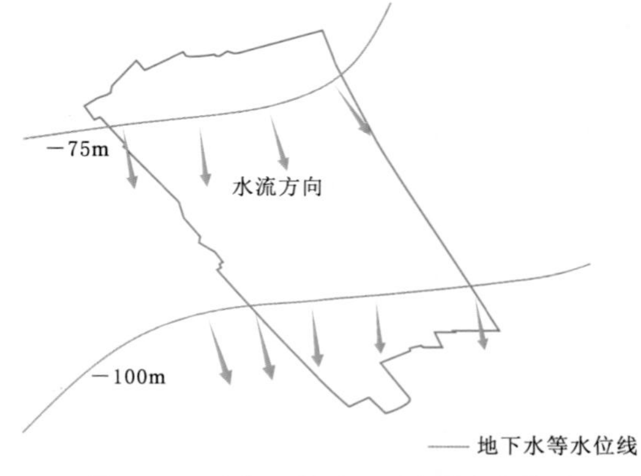

图7-8　示范区附近地下水等水位线图
（2017年，非灌溉期）

7.5 压采措施实施前后效果对比分析

示范区采取了水源置换、渠道防渗、滴灌、用水量监测等措施后，其年灌溉用水量、地下水开采量均有所减少，见表7-3。

表7-3　压采措施实施前后效果对比表

项目	年份	灌溉面积/亩	滴灌面积/亩	地下水灌溉用水量/万m^3	地表水灌溉用水量（斗渠入口）/m^3	年灌溉用水量/万m^3	地下水灌溉用水量占总灌溉用水量比例	综合毛灌溉定额/(m^3/亩)
压采措施实施前	2016	6589	0	300	229	529	57%	803
	2017	6589	0	292	201	493	59%	748
压采措施实施后	2018	6589	700	261	239	500	52%	759
	2019	6589	1950	170	294	464	37%	705
	2020	6589	500	263	261	523	50%	794

2020年吐鲁番市大旱，植物需水量增加导致用水量增加；由于新冠疫情影响，较压采措施实施其他年份（2018—2019年），滴灌面积有所减少，导致其灌溉用水量增加；地表水来水量减少，地表水灌溉用水量明显减少，地下水灌溉用水量有所增加。

示范区2016—2020年地表水、地下水灌溉用水量占比见表7-4、图7-9。

表7-4　示范区地表水、地下水灌溉用水量占比统计表（2016—2020年）

年份	地表水灌溉用水量占比/%	地下水灌溉用水量占比/%
2016	43	57
2017	41	59
2018	48	52
2019	63	37
2020	50	50

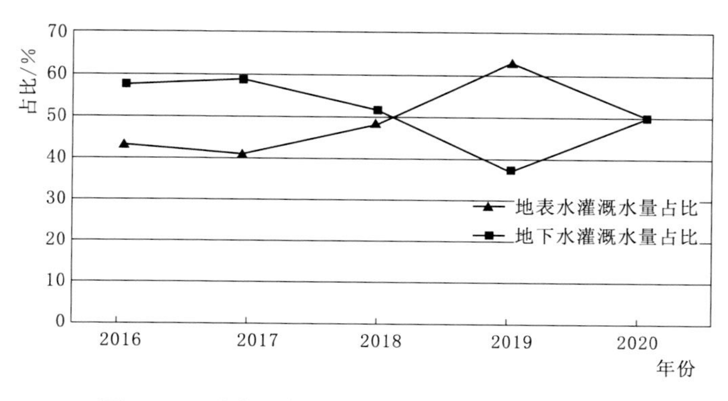

图7-9　示范区灌溉水源变化（2016—2020年）

SL008艾丁湖乡干店村监测点分年度地下水埋深过程线如图7-10所示。由图可知：

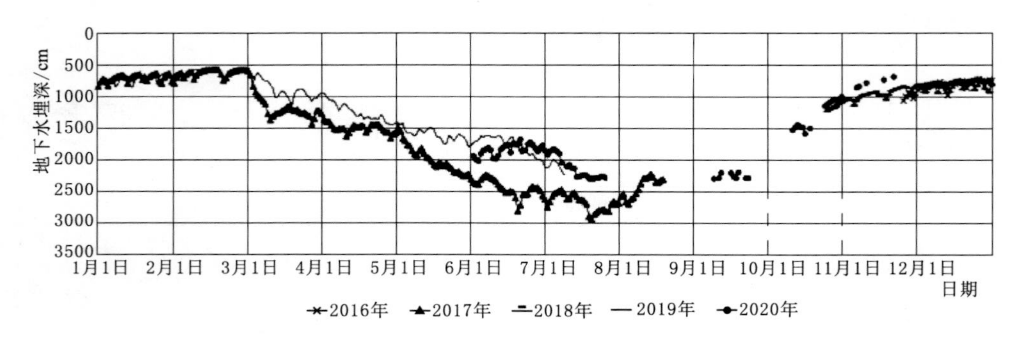

图7-10　SL008艾丁湖乡干店村监测点分年度地下水埋深过程线

11月25日至12月31日地下水平均埋深变化：2018年地下水埋深8.33m较2016年8.40m减少了7cm，即：2018年地下水位较2016年上升了7cm。

1月1日至7月10日地下水平均埋深变化：2019年地下水埋深12.20m较2017年15.10m减少了291cm，即：2019年地下水位较2017年上升了291cm。

6月3日至7月27日地下水平均埋深变化：2020年地下水埋深19.78m较2017年25.60m减少了582cm，即：2020年地下水位较2017年上升了582cm。

7.6　示范区地下水补给排泄评价

7.6.1　补给项

1. 降水入渗

示范区年降水量小于10mm，径流深为零。因此，该示范区暴雨洪流入渗补给地下水量可不计。

2. 侧向量

示范区四周边界侧向量由数值模拟确定，结果见表7-5。

表7-5　　示范区内侧向量计算结果表

年　份	区　域	流出量/万 m^3	流入量/万 m^3	合计/万 m^3
2016	北边界	0	307	307
	东边界	21	233	212
	西边界	279	7	−272
	南边界	113	0	−113
	合计	413	547	134
2017	北边界	0	307	307
	东边界	21	234	213
	西边界	279	7	−272
	南边界	113	0	−113
	合计	413	548	135

续表

年份	区域	流出量/万 m^3	流入量/万 m^3	合计/万 m^3
2018	北边界	0	311	311
	东边界	35	267	233
	西边界	290	2	−288
	南边界	117	0	−117
	合计	441	580	139
2019	北边界	0	321	321
	东边界	29	253	223
	西边界	293	5	−289
	南边界	117	0	−117
	合计	439	578	139
2020	北边界	0	323	323
	东边界	27	247	220
	西边界	290	6	−285
	南边界	117	0	−117
	合计	434	576	142

3. 渠系渗漏补给量

渠系渗漏补给量为引水渠系进入田间以前各级渠道对地下水的渗漏补给，可通过渠首引水量、渠系防渗系数、渠道综合利用系数等参数进行计算。利用近期年份示范区渠系年均引水数据资料和渠系渗漏系数，计算示范区各年份斗农渠系渗漏系数。

$$K_{渠系渗漏系数}=1-W_{田间灌溉用水量}/W_{毛灌溉用水量} \tag{7-2}$$

$$W_{田间灌溉用水量}=\sum_{i=1}^{n}A_i \cdot Q_i \tag{7-3}$$

式中：$K_{渠系渗漏系数}$为示范区内斗渠、农渠等渠系渗漏系数；$W_{田间灌溉用水量}$为田间灌溉用水量，万 m^3；$W_{毛灌溉用水量}$为示范区毛灌溉用水量，包含地表水引水量和地下水引水量，万 m^3，地表水引水量为斗渠入口处计量水量，地下水引水量为机电井处计量水量；A_i 为示范区内作物 i 对应的种植面积，亩；Q_i 为示范区内作物 i 对应的农业灌溉用水定额，即单位面积上的田间灌溉用水量，m^3/亩。

根据调查，示范区内 2016—2020 年种植结构分布见表 6-1，其中，滴灌种植面积见表 7-6。

表 7-6　示范区内 2016—2020 年滴灌种植面积分布表　单位：亩

作物	2016 年	2017 年	2018 年	2019 年	2020 年
高粱	0	0	210	585	150
西瓜	0	0	350	975	250
孜然	0	0	140	390	100
合计	0	0	700	1950	500

根据《吐鲁番地区农业灌溉用水定额指标》（2016年），示范区内各个作物农业灌溉用水定额（即单位面积上的田间灌溉用水量）见表7-7。

表7-7　示范区不同作物农业灌溉用水定额

作物	田间常规灌溉方式的灌溉定额/(m^3/亩)	田间微灌方式的灌溉定额/(m^3/亩)
葡萄	630	441
果树	530	371
瓜类	500	350
孜然	350	245
高粱	656	459
蔬菜	450	294

根据式（7-2），示范区内渠系渗漏系数计算结果见表7-8；根据式（7-3），示范区内田间灌溉用水量计算结果见表7-8。

根据示范区内渠道监测数据及艾丁湖镇水利站提供数据、示范区内地下水（机电井）监测数据及“以电折水”计算数据，示范区内2016—2020年渠系引水量（斗渠入口处计量）和年地下水引水量见表7-8和表7-9。

表7-8　示范区田间灌溉用水量计算成果表

项目		2016年	2017年	2018年	2019年	2020年
田间灌溉用水量/万m^3		468.6	413.7	426.1	425.7	474.8
毛灌溉用水量	地表水灌溉引水量/万m^3	229	201	239	294	261
	地下水灌溉引水量/万m^3	290	255	218	168	249
	合计引水量/万m^3	519	456	458	462	510
渠系渗漏系数		0.184	0.172	0.104	0.106	0.106
地表水渠系水利用系数		0.82	0.83	0.90	0.89	0.89

示范区渠道的渗漏补给量评价结果见表7-9。

表7-9　示范区渠系渗漏量补给量评价结果

年份	引水源	地表水引水量/万m^3	地下水引水量/万m^3	地表水渠系渗漏系数	地下水渠系渗漏系数	渠系渗漏补给量/万m^3
2016	大草沟	229	291	0.184	0.03	50.8
2017		201	256	0.172	0.03	42.2
2018		239	219	0.104	0.03	31.5
2019		294	169	0.106	0.03	36.1
2020		261	250	0.106	0.03	35.2

4. 田间渗漏补给量

田间入渗补给量是指灌溉水进入田间后经过包气带入渗补给地下水的量。

《吐鲁番地区农业灌溉用水定额指标》（2016年）中，常规灌溉指农田地面自流灌溉，

是水流以薄水层或小水流方式沿农田地面流动，并借水流重力和土壤毛细管作用下渗湿润土壤的灌溉方法；微灌（滴灌）是利用专门的管道系统和灌溉设备，将有压水流通过管道系统与安装在末级管道上的灌水器，以水滴方式浸润作物附近土壤和根区的局部灌溉方式。

示范区田间入渗系数分为常规灌溉和滴灌，取值见表7-10。

表7-10　　现状年吐鲁番盆地渠灌田间渗漏量补给量评价结果

年份	引水源	滴灌进入田间水量/万 m^3	常规灌溉进入田间水量/万 m^3	入渗系数		田间入渗补给量/万 m^3
				滴灌田间	常规灌溉田间	
2016	大草沟	0	469	0.05	0.18	84.3
2017		0	414	0.05	0.18	74.5
2018		16	410	0.05	0.18	74.7
2019		44	382	0.05	0.18	71.0
2020		11	464	0.05	0.18	84.0

7.6.2 排泄项

1. 地下水开采量

地下水开采量包括机电井、坎儿井和自流井开采量。本区地下水开采量为机电井开采量。示范区农业灌溉机井开采见表7-11。根据实际调查及艾丁湖镇水管所提供资料，示范区内地下水供生活（学校）和养殖业用水量为1万 m^3/a。

表7-11　　示范区地下水开采量　　单位：万 m^3

年份	地下水灌溉用水量	生活及其他地下水供水量	地下水开采量
2016	290	1	291
2017	255	1	256
2018	218	1	219
2019	168	1	169
2020	249	1	250

2. 潜水蒸发量

潜水蒸发量随埋深增大而衰减，潜水位埋深达到一定深度，潜水蒸发量趋向于零。

根据现有文献资料，无植被裸地、农业耕地的潜水蒸发极限埋深在吐鲁番市通常不超过5m，且在地下水埋深超过1.5m后迅速衰减。示范区位于艾丁湖镇，地下水埋深为5～30m，示范区内潜水蒸发量可忽略不计。

7.6.3 地下水水量均衡状况

示范区2016—2020年总补给量为665万～695万 m^3，地下水总排泄为608万～704万 m^3。研究区地下水补给主要来自侧向补给量、渠系渗漏、渠灌田间渗漏和机井灌溉回归。排泄量中主要为侧向排泄量和机井开采量。示范区内总补给量小于总排泄量，相差

－21 万～77 万 m^3，主要由于地下水超采，消耗地下水储量补充。

由表 7－12 可知，示范区 2017 年 10 月开始正式实施压采措施，压采措施实施后，农业机井开采量逐年下降，示范区内总补给量与总排泄量之间的差值逐年减小，且 2018 年之后均为正均衡，即示范区采取的压采措施对示范区地下水回升有较为积极的效果。示范区补给与排泄量差值变化趋势见图 7－11。

表 7－12　　示范区 2016—2020 年地下水均衡状况　　单位：万 m^3

年份	补给项				排泄项				补给量－排泄量
	侧向补给量	渠系渗漏量	田间渗漏量	合计	生活等开采量	农业机井开采	侧向排泄量	合计	
2016	547	50.8	84.3	682	1.0	290	413	704	－21
2017	548	42.2	74.5	665	1.0	255	413	669	－5
2018	580	31.5	74.7	686	1.0	218	441	660	26
2019	578	36.1	71.0	685	1.0	168	439	608	77
2020	576	35.2	84.0	695	1.0	249	434	685	11

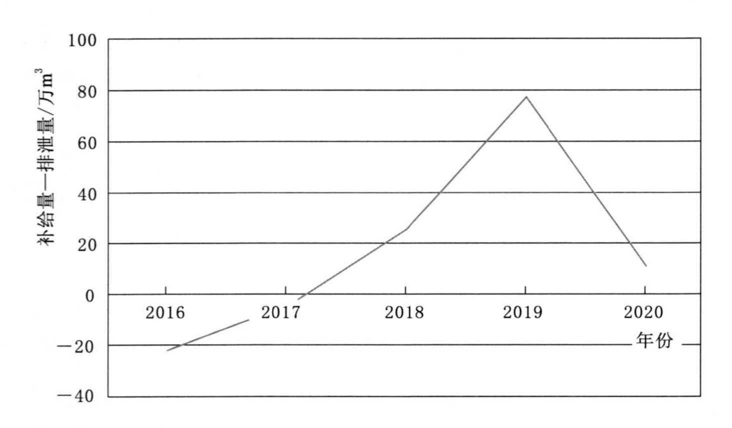

图 7－11　示范区 2016—2020 年补给量与排泄量差值过程线图

7.7　节水压采的成本和效益分析

7.7.1　成本及效益分析

示范区 2017 年开始实施压采措施，压采措施实施后，地下水开采量逐年下降，示范区内总补给量与总排泄量之间的差值逐年减小，即示范区采取的压采措施对示范区地下水回升有较为积极的效果。

示范区 2016—2020 年灌溉用水量、亩均灌溉用水量见表 7－13。

表 7-13　　示范区 2016—2020 年灌溉用水量及亩均灌溉用水量分析表

项目		2016 年	2017 年	2018 年	2019 年	2020 年	均值	最大值	最小值
灌溉用水量/万 m^3		519	456	458	462	510	481	519	456
亩均用水量/(m^3/亩)		788	692	694	701	774	730	788	692
较 2016 年减少值	灌溉用水量/万 m^3	—	—	61.8	57.5	9.4	42.9	61.8	9.4
	亩均用水量/(m^3/亩)	—	—	94	87	14	65	94	14

示范区压采措施实施后，示范区内灌溉用水量较 2016 年均有所下降，2018—2020 年灌溉用水量下降了 9.4 万～61.8 万 m^3，灌溉用水量年平均下降 42.9 万 m^3/a。

示范区内水利工程寿命按照 8 年计算，则 8 年合计可节约灌溉用水量为 42.9×8＝343.2 万 m^3。

示范区内工程投资合计 329.8 万元，计算得到：节水投资为 329.8/343.2＝0.96（元/m^3）。

2017 年 10 月，吐鲁番高昌区艾丁湖镇西然木村“两水统管”试点区域实施地下水、地表水统一管理，农渠防渗、滴灌、加强用水计量等措施至今，减少了地下水灌溉用水量，区域内农作物未减产。

7.7.2 提高地下水利用率分析计算

示范区内种植作物主要为葡萄、果树、瓜类、孜然和高粱等，采用改变灌溉方式的形式，即滴灌代提常规灌溉，以提高示范区地下水利用率。根据示范区实际情况，主要在种植高粱、瓜类和孜然的区域内实施滴灌。根据《吐鲁番地区农业灌溉用水定额指标》（2016 年）结合现场复核，示范区高粱、瓜类和孜然作物常规灌溉和滴灌亩均田间用水量统计见表 7-14。

表 7-14　　示范区不同作物亩均灌溉用水量

作物	常规灌溉用水量/(m^3/亩)	滴灌用水量/(m^3/亩)	滴灌较常规灌溉节水量/(m^3/亩)	节水量占常规灌溉用水量的比例/%
瓜类	500	350	150	30
孜然	350	245	105	30
高粱	656	459	197	30

以高粱为例，采用常规灌溉方式，亩均用水量为 656m^3/亩；采用滴灌灌溉方式，亩均用水量为 459m^3/亩，采用滴灌较常规灌溉亩均可节约用水量 197m^3/亩，即节约了常规灌溉亩均用水量的 30%。

示范区采取压采措施后，单位亩产产量未减产。则示范区可提高地下水利用率以单位水可支撑灌溉面积为指标值进行计算，计算公式为

$$\eta=(A_2-A_1)/A_1 \tag{7-4}$$

式中：η 为示范区可提高地下水利用率；A_1 为示范区压采措施实施前（2016 年）单位水可支撑灌溉面积，亩/万 m^3；A_2 为示范区压采措施实施后各年份单位水可支撑灌溉面积，亩/万 m^3。

示范区采用地表水和地下水双水源，根据实地调研和统计资料，不同年份地下水源灌溉面积见表7-15。

表7-15　　示范区不同年份地下水源灌溉面积　　单位：亩

作物	2016年	2017年	2018年	2019年	2020年
葡萄	693	691	573	442	588
果树	759	756	628	484	644
瓜	1021	1106	933	567	1016
孜然	366	389	298	180	397
高粱	1998	1413	1420	1420	1713
蔬菜	53	48	50	69	18
合计	4891	4402	3901	3162	4375

示范区地下水灌溉渠系水利用系数为0.97，则各年份地下水灌溉引水量、地下水田间灌溉用水量见表7-16。

单位水可支撑灌溉面积=灌溉面积/灌溉面积对应田间用水量，计算结果见表7-16。

表7-16　　示范区不同年份单位水可支撑灌溉面积统计表

项　目	2016年	2017年	2018年	2019年	2020年
地下水灌溉引水量/万m^3	290	255	218	168	249
田间灌溉用水量（地下水源）/万m^3	281	247	211	162	241
单位水可支撑灌溉面积/(亩/万m^3)	17.41	17.82	18.49	19.52	18.15
提高地下水利用率η/%	—	—	6.3	11.9	4.3

计算得到示范区压采措施实施后，2018—2020年分别提高地下水利用率为6.3%、11.9%、4.3%。

综上所述，示范区单位水可支撑灌溉面积由2016年的17.41亩/万m^3提高至2019年的19.52亩/万m^3，可提高示范区内地下水利用率11.9%。

若提高地下水利用率10%，则示范区单位水可支撑灌溉面积需由2016年的17.41亩/万m^3提高至19.13亩/万m^3。

7.7.3　提高应急供水能力分析计算

1. 地下水埋深减小

在同一地区，地下水位下降速率降低，在水文地质及气候条件等不变的情况下，该区域地下水储存量相应增加。

2017年，示范区开始正式实施压采措施，导致2019年1月1日至7月10日地下水平均埋深较2017年度同期值地下水平均埋深减小2.91m；2020年6月3日至7月27日地下水平均埋深较2017年度同期值地下水平均埋深减小5.82m；2018年11月25日至12月31日地下水平均埋深较2016年同期值地下水平均埋深减小0.07m。换言之，示范区实施

压采，对示范区及其周边地下水水位上升有一定的作用。

2. 提高应急供水能力

该示范区为农业灌溉区，在灌溉水井设施不变的情况下，提高潜水储量可以提高应急供水能力。

该示范区内，第一层含水层为亚砂土、亚黏土互层，厚度 21.3m；第二层为粉砂和细砂，厚度为 5.8m；第三层为亚细砂和黏土，厚度为 4.8m；第四层为细砂和粗砂，厚度为 6.2m。第五层为亚细土、粉细砂、黏土互层，厚度为 18.1m。第五层为相对不透水层，为潜水含水层的底板。农灌用水开采第一到第四层的潜水含水层地下水。需要分析潜水含水层在示范区实施前后储量的变化。考虑含水层有 2/3 可以疏干开采，位于下部的 1/3 含水层不能开采，因此，计算上部 2/3 含水层的储量。

储量计算公式如下：

$$V=\mu FH \tag{7-5}$$

式中：V 为含水层可利用储量，万 m^3；μ 为含水层给水度；F 为含水层面积，km^2；H 为含水层可疏干厚度，m。

示范区压采措施实施前后，有两个可以对比的时段。时段 1 为 2019 年 1 月 1 日至 7 月 10 日地下水平均埋深 12.20m 较 2017 年同期值 15.10m 减小了 2.91m。时段 2 为 2020 年度 6 月 3 日至 7 月 27 日地下水平均埋深 19.78m 较 2017 年度同期值 25.60m 减小了 5.82m。分别计算两段时间的储量变化。根据水文地质手册，查得各个含水层给水度，见表 7-17、表 7-18。根据含水层厚度、给水度、示范区面积，分别计算两个时段储存量变化，见表 7-17、表 7-18。时段 1 示范前储量为 208 万 m^3，示范后储量为 230 万 m^3，示范后储量增加 22 万 m^3，增加率 10.7%。时段 2 示范前储量为 123 万 m^3，示范后储量为 173 万 m^3，示范后储量增加 50 万 m^3，增加率 40.2%。考虑两个时段的时间长度，按照时间长度加权平均得到总体储量提高率为 17.3%，也就是提高示范区地下水应急供水能力 17.3%，见表 7-19。

表 7-17　　时段 1 示范前后储存量分析计算表

项目		示范前				示范后				储量提高率/%
		含水层厚度/m	给水度	面积/km^2	储量/万 m^3	含水层厚度/m	给水度	面积/km^2	储量/万 m^3	
地下水埋深		15.10	—	—	—	12.20	—	—	—	—
潜水含水层底板埋深		38.10	—	—	—	38.10	—	—	—	—
相应含水层厚度		23.00	—	—	—	25.90	—	—	—	—
其中，可用含水层厚度		15.30	—	—	—	17.30	—	—	—	—
不可用含水层厚度		7.70	—	—	—	8.60	—	—	—	—
计算储量含水层	第一层	6.20	0.115	1.00	71.30	9.10	0.115	1.00	104.65	—
	第二层	5.80	0.170	1.00	98.60	5.80	0.170	1.00	98.60	—
	第三层	3.33	0.115	1.00	38.30	2.37	0.115	1.00	27.26	—
合计		15.33			208.20	17.27			230.51	10.72

表 7-18　　时段2示范前后储存量分析计算表

项目		示范前				示范后				储量提高率/%
		含水层厚度/m	给水度	面积/km²	储量/万 m³	含水层厚度/m	给水度	面积/km²	储量/万 m³	
地下水埋深		25.60	—	—	—	19.78	—	—	—	—
潜水含水层底板埋深		38.10	—	—	—	38.10	—	—	—	—
相应含水层厚度		12.50	—	—	—	18.32	—	—	—	—
其中，可用含水层厚度		8.30	—	—	—	12.20	—	—	—	—
不可用含水层厚度		4.20	—	—	—	6.10	—	—	—	—
计算储量含水层	第一层	0.00	0.115	1.00	0.00	1.50	0.115	1.00	17.25	—
	第二层	1.50	0.170	1.00	25.50	5.80	0.170	1.00	98.65	—
	第三层	4.80	0.115	1.00	55.20	4.80	0.115	1.00	55.20	—
	第四层	2.03	0.210	1.00	42.63	0.09	0.210	1.00	1.89	—
	合计	8.33			123.33	12.19			172.94	40.23

表 7-19　　地下水储量提高计算表

项目	时段1	时段2	加权平均
时间/天	191	55	—
提高率/%	10.72	40.23	17.31

第 8 章

示范区生态地下水位预警

8.1 示范区生态地下水位预警管理

生态地下水位预警是根据地下水水位实际资料分析地下水系统采补平衡、地下水水质状况以及引发的环境地质问题的危害程度，综合诊断地下水水情优劣。

根据示范区监测井和地下水埋深等值线，现状示范区地下水埋深为 5～15m。

8.1.1 生态地下水位预警管理意义

示范区 7 月、8 月地下水埋深大，8 月最大。分析示范区和西区地下水位分布表明，现状非灌溉期，示范区不袭夺其西侧自然植被区地下水。但因示范区属人工绿洲区，每年需开采地下水进行农田灌溉，会在示范区形成地下水漏斗，会袭夺西侧自然植被区地下水，对西侧自然植被区产生不利影响。因此设置生态地下水位，探索人工绿洲区与自然植被区之间的地下水位协调手段。

8.1.2 地下水管理监控时段确定

地下水埋深受大气降水、蒸发、人工开采等因素影响，在年内各时期会产生不同幅度的变化。3—10 月为灌溉期，地下水埋深呈现增加；11 月至次年 2 月为非灌溉期，人工开采较少，地下水埋深减小。

1. 灌溉期监控时段确定

灌溉期内（3—10 月），因人工开采进行灌溉，示范区地下水埋深呈现较大的下降，根据 2016—2020 年地下水埋深监测数据，7 月 1 日至 8 月 31 日示范区地下水埋深达到最大值，此段时间内，示范区地下水开采量最大，地下水埋深达到年内最大值。灌溉期监控时段以 7 月 1 日至 8 月 31 日为监控时段。

2. 非灌溉期监控时段确定

非灌溉期内（11 月至次年 2 月），示范区地下水埋深趋于平稳。若示范区地下水埋深非灌溉期内达到预警值，需在灌溉期内采取相应措施以恢复示范区地下水状况。因此，监控时段宜选择灌溉期开始前半个月为监控时段，并考虑单日地下水埋深的随机性，选择 2 月 11—20 日（共计 10 天）为非灌溉期监控时段。

8.1.3　生态地下水位预警管理模式探讨

地下水埋深是地下水动态变化最为直接的监测指标，对地下水埋深进行管理分级划定，并根据地下水埋深监测值与之比较，可直观得出地下水状态。

1. 预警管理原则

基本原则：①维持现状示范区和西侧天然植被区之间的补排关系，保护此区植被；②因地制宜原则；③可操作性和可控性原则。

2. 预警管理监测井选定

预警管理监测井为SL008艾丁湖镇干店村监测井。

3. 预警管理目标

以维持现状示范区和天然绿洲区的关系为目标，设定示范区生态预警水位。灌溉期和非灌溉期分别设定生态地下水位。

灌溉期：示范区地下水埋深大幅增加，示范区地下水形成漏斗区，为示范区灌溉期内地下水不进一步袭夺其西侧自然植被区地下水，以维持现状示范区灌溉期地下水埋深为目标，设定示范区灌溉期生态地下水位预警方案。

非灌溉期：根据2017年艾丁湖流域地下水埋深等值线图和地下水位等值线图，示范区地下水未形成漏斗区，未袭夺其西侧自然植被区地下水，以维持现状示范区非灌溉期地下水埋深为目标，设定示范区非灌溉期生态地下水位预警方案。

4. 预警管理模式

将地下水埋深控制性水位划分为三类：地下水管理蓝线、地下水管理黄线、地下水管理红线。

地下水管理蓝线：示范区地下水埋深低于同期已发生年的地下水埋深值，且与同期已发生年的地下水埋深值还有一定的差值。可按照现状开采量对地下水进行开采。

地下水管理黄线：在短周期内地下水呈现下降趋势，示范区地下水埋深未超过已发生年的地下水埋深值。现阶段地下水开发潜力较小的地下水位。

地下水管理红线：在短周期内地下水埋深呈现增加趋势，示范区地下水埋深超过同期已发生年的地下水埋深值。现阶段不能够继续开发利用地下水。

管理要求：地下水系统的动态变化是其自身对外界影响因素，如气象因素、人类活动等综合反映的结果。对于不同管理要求、管理时段及地下水动态，提出不同的管理目标。当地下水埋深处于蓝线状态下，可按照现状进行开采，不需进行过多管理；当地下水埋深处于黄线状态下，需减少地下水开采量；当地下水埋深处于红线状态下，需停止地下水开采，进行水位恢复。

(1) 灌溉期预警管理模式。2018年，示范区压采措施实施后，示范区地下水埋深较实施前有一定的减少。本着地下水埋深不增加的目标，监测井灌溉期内地下水埋深不超过已发生年灌溉期地下水埋深。

以监测井灌溉期7月1日至8月31日地下水埋深监测数据最大值$H_{灌溉期}$为参数值，以2018年以后监测井各年灌溉期地下水埋深最大值为设定值，设定非灌溉期地下水分段管理目标见表8-1。

表 8-1 灌溉期地下水分段管理目标表

管理状态		地下水埋深现状 H/m	管理要求
蓝线管理		$H_{i灌溉期} \leqslant H_{maxi平均}$	示范区按现状开采方案进行开采
黄线管理	预警	$H_{maxi平均} < H_{i灌溉期} \leqslant H_{maxi}$	预警期，若示范区地下水位继续下降，则开始实施控制性开采
	措施	$H_{maxi} - 1m < H_{i灌溉期} \leqslant H_{maxi}$	需对示范区地下水进行控制性开采，减少示范区地下水开采量 10%，相应增大地表水灌溉用水量
红线管理		$H_{i灌溉期} > H_{maxi}$	减少示范区 50%地下水开采量，相应增大地表水灌溉用水量

其中，$H_{i灌溉期}$为监测井灌溉期 7 月 1 日至 8 月 31 日第 i 日地下水埋深监测数据最大值；$H_{maxi平均}$为 2018 年以后监测井各年灌溉期第 i 日地下水埋深最大值的平均值；H_{maxi}为 2018 年以后监测井各年灌溉期第 i 日地下水埋深最大值的最大值。

（2）非灌溉期预警管理模式。示范区处于非灌溉期，其地下水埋深比较稳定。2018 年，示范区开始实施压采措施，压采措施实施后，示范区地下水埋深较实施前有少量的抬升。

以监测井非灌溉期 2 月 11—20 日地下水埋深监测数据平均值 $H_{非灌溉期}$为参数值，以 2018 年以后监测井非灌溉期 2 月 11—20 日地下水埋深各年平均值为设定值，设定非灌溉期地下水分段管理目标见表 8-2。

表 8-2 非灌溉期地下水分段管理目标表

管理状态	地下水埋深现状 H/m	管理要求
蓝线管理	$H_{i非灌溉期} \leqslant H_{i均}$	本年示范区按现状开采方案进行开采
黄线管理	$H_{i均} < H_{i非灌溉期} \leqslant H_{maxi}$	本年需对示范区地下水进行控制性开采，适当减少示范区地下水开采量 5%，相应增大地表水灌溉用水量
红线管理	$H_{i非灌溉期} > H_{maxi}$	本年减少示范区 50%地下水开采，相应增大地表水灌溉用水量

其中，$H_{i非灌溉期}$为未来监测井非灌溉期 2 月 11—20 日第 i 日地下水埋深监测值；$H_{i均}$为 2018 年以后监测井各年非灌溉期 2 月 11—20 日第 i 日地下水埋深多年平均值；从现在看，应该是 2018 年到 2020 年 2 月 11—20 日第 i 日历史埋深的平均值。H_{maxi}为 2018 年以后监测井各年非灌溉期 2 月 11—20 日第 i 日地下水埋深历史值的最大值。

（3）示范区预警管理模式。干店监测井 2018—2020 年地下水埋深特征值见表 8-3。

表 8-3 示范区监测井地下水埋深特征值统计表

年份	2018 年	2019 年	2020 年	最小值	最大值	平均值
灌溉期 7—8 月地下水埋深最大值/m	—	22.45	22.99	22.45	22.99	22.72
非灌溉期 2 月 11—20 日地下水埋深均值/m	—	6.01	—	—	—	6.01

则示范区生态地下水位预警方案如下：

蓝线管理：监测井非灌溉期 2 月 11—20 日地下水埋深 $H_{i非灌溉期} \leqslant H_{i均}$或灌溉期 7 月 1 日至 8 月 31 日地下水埋深 $H_{i灌溉期} \leqslant H_{maxi平均}$时，示范区灌溉期（3—10 月）按现状开采方案进行开采。

黄线管理：①非灌溉期 2 月 11—20 日地下水埋深 $H_{i非灌溉期}$ 满足 $H_{i均}<H_{i非灌溉期}\leqslant H_{maxi}$ 条件时，本年灌溉期需对示范区地下水进行控制性开采，减少示范区地下水开采量 5%，相应增大地表水灌溉用水量；②灌溉期 7 月 1 日至 8 月 31 日地下水埋深 $H_{i灌溉期}$ 满足 $H_{maxi平均}<H_{i灌溉期}\leqslant H_{maxi}$ 条件时，为预警期，若示范区地下水位继续下降，则开始实施控制性开采；地下水埋深 $H_{i灌溉期}$ 满足 $H_{maxi}-1\text{m}<H_{i灌溉期}\leqslant H_{maxi}$ 条件时，减少示范区地下水开采量 10%，相应增大地表水灌溉用水量。

红线管理：非灌溉期 2 月 11—20 日地下水埋深 $H_{i非灌溉期}$ 满足 $H_{i非灌溉期}>H_{maxi}$ 条件时或灌溉期 7 月 1 日至 8 月 31 日地下水埋深 $H_{灌溉期i}$ 满足 $H_{灌溉期i}>H_{maxi}$ 条件时，减少示范区 50%地下水开采，相应增大地表水灌溉用水量。

8.1.4　生态地下水位预警可行性分析

示范区现状向西侧自然植被区补给地下水，以不影响西侧自然植被区植被为目标，设置示范区生态地下水位；在人工绿洲区（示范区），避免形成示范区对自然植被区的地下水进一步袭夺，控制自然植被区地下水位，进而保护自然植被区生态环境。

该示范区生态地下水位预警管理中控制性地下水埋深的确定考虑了时间维度，可依据监测井地下水埋深实时监测数据调整控制性水位，增加了控制性水位的可信度。

8.2　示范区西侧天然植被区生态地下水位的确定

对于西北内陆盆地而言，生态地下水位是指不发生土壤盐渍化和天然植被退化的地下水位区间。

1. 示范区西侧天然植被区生态地下水位上限

示范区西侧天然植被区属于北盆地人工绿洲区，为低地草甸。北盆地人工绿洲区生态地下水位上限为 2～3m，因示范区内无高层建筑物，综合考虑防止示范区盐碱化，示范区西侧天然植被区生态地下水位上限设定为 2m。

2. 示范区西侧天然植被区生态地下水位下限

1976—2010 年期间示范区西侧天然植被区域边沿向南退缩，2010—2017 年期间范围轮廓向扩大发生变化，其中 2010 年的天然植被区域轮廓界线范围最小。由典型植被衰退区的调查与分析可知：1976—2010 年及 1976—2017 年期间，天然植被退化的主要原因是地下水埋深逐渐加大，且由于地形原因受不到山区的地表水补充，天然植被可吸收的水分减少造成地。原因之二是因城乡工矿用地的扩张导致天然植被减少。原因之三可能与白杨河或北部山区河流的洪水洪泛区或土壤含盐量有关。天然植被在 2010—2017 年期间扩张原因是退耕还草以及控制了地下水开发利用程度使得地下水位升高导致。

不论是 1976—2010 年期间，还是 1976—2017 年期间，西区植被区域轮廓范围在郭勒布依乡东侧、艾丁湖镇西侧的北边界线明显向南退缩，且退缩后的边界线与 7m 埋深线基本重合。西 1 区在 20 世纪六七十年代有泉水出露，也有坎儿井，而天然植被边界处的地下水从 1976 年的能够有泉水出露到 2017 年已经下降至埋深为 7m，且衰退之后的天然植被边界线天然植被边界处大致与地下水埋深 7m 等埋深线相重合，现状超过 7m 埋深线的

以北方向为裸地，小于7m埋深线的以南方向分布有天然植被。由此推断西区的生态地下水埋深下限约为7m。

8.3 示范区西侧自然植被区生态地下水位预警管理

依据艾丁湖西侧天然植被区生态地下水位，确定示范区西侧自然植被区生态地下水管理目标表，见表8-4。

表8-4 示范区西侧自然植被区地下水管理目标表

管理水位	地下水埋深现状 H/m	管理要求
蓝线	$H \leqslant H_b$	按现状开采方案进行开采尚可，对于地下水需求较大的区域应谨慎增加开采量
黄线	$H_b < H \leqslant H_r$	对地下水进行控制性开采，对于地下水开采程度较大区域减少开采量10%；对地下水进行控制性恢复
红线	$H > H_r$	减少现状地下水开采量至地下水可开采量；对地下水位恢复至地下水控制性红线水位以上

其中：H_b 为地下水管理蓝线水位，在2～5.5m范围内为合理生态水位，地下水管理蓝线水位设定为5.5m；H_r 为地下水管理红线水位，根据艾丁湖西区地下水埋深合理生态水位7m下限值，地下水管理红线水位设定为7m。

蓝线管理：当示范区西侧天然植被区地下水最大埋深小于5.5m时，地下水埋深处于蓝线状态，为无警。保持现状开采方式，维持现状地下水埋深状态。

黄线管理：当示范区西侧天然植被区地下水最大埋深为5.5～7m时，地下水埋深处于黄线状态，为中度警示。保持动态开采，当地下水埋深较现状值上升时，减少地下水开采量；当地下水埋深保持不变时，维持现有地下水开采量不变；当地下水埋深较现状值增加时，可适当增加地下水开采量。

红线管理：当示范区西侧天然植被区地下水最大埋深大于7m的区域，地下水埋深处于红线状态，为重度警示。进行人工治理干预，以保护生态环境。减少地下水开采量或不再使用地下水，以促使此区域地下水埋深的快速回升。

第 9 章

示范区推广潜力分析

总结示范区应用经验，分析示范推广应用对维护艾丁湖流域地下水储量的影响，提高应急供水能力的潜力。

9.1 示范区经验

9.1.1 示范目的和预期效果

示范目的：进行地下水压采措施示范，通过示范提高农业开采典型区地下水利用率和应急供水能力。

预期效果：通过典型区应用示范，提高地下水利用率 10%以上和应急供水能力 15%以上。

9.1.2 解决的主要思路

(1) 前期准备工作。了解艾丁湖流域水资源及其开发利用基本情况，分析艾丁湖流域地下水超采现状及超采原因，总结地下水压采存在问题，结合实地调研和借鉴其他类似地区经验，研究艾丁湖流域可行的地下水压采措施和模式。

(2) 示范区选取。选择节水压采效果较为显著，且适宜推广的节水压采措施，在地下水位下降速率较快、超采明显的农业用水典型区进行示范区应用。分析示范区地下水开采的主要用途，并综合考虑示范区周边区域地下水开采等其他因素对示范区地下水位的影响。

(3) 示范区运行。对示范区地下水开采量、地表水用水量、地下水位、种植结构、灌溉方式、地下水埋深、用水协会工作等进行跟踪监测。

(4) 资料分析研究。分析节水压采措施对提高地下水利用率、减缓地下水下降的作用，客观评价其节水压采的成本和效益。通过示范区地下水补给排泄评价、地下水埋深变化分析等，对比分析示范区压采措施实施前后的效果；进行示范区应急供水能力潜力分析及对维护艾丁湖流域地下水储量的影响。

(5) 经验总结。总结示范区应用经验，定量分析示范推广应用对维护艾丁湖流域地下水储量的影响，提高应急供水能力的潜力。

9.1.3 主要内容及做法

1. 示范区的选取

综合考虑示范区选取的典型性、代表性、经济型等原则，结合当地高效节水灌溉工程选取艾丁湖镇西然木村作为示范区。示范区北侧为戈壁区，西侧为天然植被区，东侧和南侧为人工绿洲区，西侧和北侧人类活动直接影响不明显。

2. 示范区采取的地下水压采措施

根据示范区特点，采取的地下水压采措施主要有两水统管、水源置换、渠道防渗、实施滴灌、计量管理、总量控制及成立农民用水协会等。

3. 示范区内灌溉用水量数据的获取

示范区地表水灌溉用水量采用地表水计量设施计量值；地下水灌溉用水量采用“以电折水”方法计算，采用“以电折水”方法获取农业地下水实际开采量，即通过历史实际用电量数据和单井每度电开采量试验参数进行核算。

4. 示范区地下水水均衡评价

示范区地下水补给项包括降雨入渗、侧向量、渠系渗漏补给量、田间渗漏补给量，地下水排泄项包括地下水开采量、潜水蒸发量、侧向量。

示范区 2016—2020 年地下水总补给量为 665 万～695 万 m^3，总排泄量为 608 万～704 万 m^3。

示范区 2017 年 10 月开始正式实施压采措施后，农业机井开采量逐年下降，示范区内总补给量与总排泄量之间的差值逐年减小，2018 年之后均为正均衡，压采措施使得示范区地下水位回升。

5. 示范区地下水埋深监测及评价

使用示范区地下水位监测井观测数据，从年内变化、年际变化和空间分布特征等方面分析了示范区地下水埋深变化。

干店村监测井 2016—2020 年地下水埋深年内变化趋势基本相同。3 月地下水埋深开始增加的趋势，7 月、8 月达到峰值后开始逐渐减少，年内峰值一般出现在 7 月。

示范区 2019 年 1 月 1 日至 7 月 10 日地下水平均埋深较 2017 年度同期值地下水平均埋深减小了 2.91m；2020 年 6 月 3 日至 7 月 27 日地下水平均埋深较 2017 年度同期值地下水平均埋深减小了 5.82m；2018 年 11 月 25 日至 12 月 31 日地下水平均埋深较 2016 年同期值地下水平均埋深减小了 0.07m。2017 年 10 月起，示范区开始实施压采，对地下水水位上升有一定的作用。

示范区地下水位空间分布特征和流向为：非灌溉期示范区地下水位自北向南逐渐降低，自北向南流动。在地下水自然状态下，示范区非灌溉期不袭夺其西侧自然植被区地下水。

6. 示范区生态地下水位预警方案

示范区 7 月、8 月地下水埋深大，8 月最大。分析示范区和自然植被区西区地下水位分布表明，现状非灌溉期，示范区不袭夺自然植被区西区地下水。但在灌溉期，示范区开采地下水进行农田灌溉，形成地下水漏斗，袭夺西侧自然植被区地下水，对西侧自然植被区产生不利影响。为了更加有效地保护艾丁湖流域地下水，要处理好流域地下水开发、保护与生产、生态用水之间的关系，维护流域可持续发展，建立示范区生态地下水位预警方案。该方案将地下水埋深控制性水位划分为三类：地下水管理蓝线、地下水管理黄线、地下水管理红线。

7. 示范区西侧自然植被区生态地下水位预警方案

将示范区西侧自然植被区地下水埋深控制性水位划分为三类：地下水管理蓝线、地下水管理黄线、地下水管理红线。

9.1.4　经验总结

1. 示范区压采措施初见成效

示范前压采措施实施前后，有两个可以对比的时段。时段 1 为 2019 年 1 月 1 日至 7 月 10 日地下水平均埋深 12.20m 较 2017 年同期值 15.10m 减小 2.91m。时段 2 为 2020 年 6 月 3 日至 7 月 27 日地下水平均埋深 19.78m 较 2017 年同期值 25.60m 减小 5.82m。时段 1 示范前储量为 2686 万 m^3，示范后储量为 2973 万 m^3，示范后储量增加 287 万 m^3，增加率 10.7%。时段 2 示范前储量为 1592 万 m^3，示范后储量为 2235 万 m^3，示范后储量增加 643 万 m^3，增加率 40.2%。考虑两个时段的时间长度，按照时间长度加权平均得到总体储量提高率为 17.3%，也就是提高示范区地下水应急供水能力 17.3%。

示范区实施了渠道防渗，并在部分区域实施滴灌，示范区渠系水利用系数由 2016 年的 0.82 提高至 2018—2020 年度的 0.90，利用效率提升了 10%。

示范区单位水可支撑灌溉面积由 2016 年的 17.41 亩/万 m^3 提高至 2019 年的 19.52 亩/万 m^3，地下水利用率提升 11.9%。

经计算，示范区节水投资为 0.96 元/m^3。

综上所述，示范区实施的压采措施对地下水压采效果明显，提高地下水利用率 11.9%和应急供水能力 17.3%。压采措施经济可行，适宜在艾丁湖流域推广。

2. 示范区不足及建议

示范区安装了地表水计量设施和地下水计量设施，由于管理不善和设备维护问题等，地表水和地下水计量设施的自动计量功能不尽完善，需要通过“以电折水”方法获取地下水灌溉用水量。后续，示范区需进一步完善水量计量设施，实现真正的水量自动化计量。

9.2　示范推广应用对提高应急供水能力潜力的影响

示范区地下水压采措施实施后，渠系水利用效率提升了 10%；示范区单位水可支撑灌溉面积由 2016 年的 17.41 亩/万 m^3 提高至 2019 年的 19.52 亩/万 m^3，地下水利用率提升了 11.9%。

示范前压采措施实施前后，2019 年 1 月 1 日至 7 月 10 日地下水平均埋深 12.20m 较 2017 年同期值 15.10m 减小 2.91m，2020 年 6 月 3 日至 7 月 27 日地下水平均埋深 19.78m 较 2017 年同期值 25.60m 减小 5.82m。时段 1 示范前储量为 2686 万 m^3，示范后储量为 2973 万 m^3，示范后储量增加 287 万 m^3，增加率 10.7%。时段 2 示范前储量为

1592 万 m^3，示范后储量为 2235 万 m^3，示范后储量增加 643 万 m^3，增加率 40.2%。考虑两个时段的时间长度，按照时间长度加权平均得到总体储量提高率为 17.3%，也就是提高示范区地下水应急供水能力 17.3%。

吐鲁番市 2018 年地下水开采量 6.79 亿 m^3，2030 年规划开采量 3.96 亿 m^3，需要压采 2.83 亿 m^3，压采工作繁重。示范区压采技术在吐鲁番市推广前景，将具有巨大推广潜在效益。同时，我国西北干旱区也面临着和吐鲁番类似的地下水压采任务，如果示范区压采技术在该区域推广，社会效益将更为突出。

9.3 示范推广应用对维护艾丁湖流域地下水储量的影响潜力

示范区监测井 2019 年 1 月 1 日至 7 月 10 日（压采措施实施后）地下水平均埋深较 2017 年度（压采措施实施前）同期值减小了 2.91m；2020 年 6 月 3 日至 7 月 27 日（压采措施实施后）地下水平均埋深较 2017 年度（压采措施实施前）同期值减小了 5.82m；2018 年 11 月 25 日至 12 月 31 日（压采措施实施后）地下水平均埋深较 2016 年（压采措施实施前）同期减小了 0.07m。示范区地下水埋深减少，相应增加了地下水储量。如果示范区经验推广应用至艾丁湖流域，将对艾丁湖流域地下水储量的增加具有较好作用。

第10章

结　　论

（1）该研究区大部分地表为未利用土地，生态环境恶劣，天然绿洲与人工绿洲面积相互之间具有转移的特点，以2010年为转折点，天然绿洲面积呈现先减后增的变化趋势，而人工绿洲面积表现为先增后减的态势，说明人类活动对地表覆被和生态环境的演变具有较强的影响，科学的治理十分必要。

（2）自1996年至2021年，艾丁湖湖面面积总体保持一种减小趋势，但减小速度逐渐变缓。很明显看出，自2010年之后艾丁湖湖面面积开始波动性回升。由于艾丁湖湖水来源于区域地表河流和地下水的补给，受人类活动取水影响较大。吐鲁番市2010年以来实施了退地、高效节水灌溉等措施，用水总量逐年减少，都为艾丁湖湖面面积增加作出了一定的贡献。植被覆盖度与地下水资源开采量关系密切，人工植被平均覆盖度与地下水开采量的变化趋势具有一致性；天然植被平均覆盖度与地下水开采量在1976—2005年期间的变化趋势呈负相关，而在2005—2017年期间变化趋势一致。生态保护政策和科学治理方略的实施，有利于控制地下水资源的利用量，天然绿洲的面积及天然植被覆盖度均开始回升，生态环境得到了改善。

（3）基于遥感影像*ET*产品，按植被类型分区统计本研究区的天然植被蒸发蒸腾量的变化特征，结果表示1个单位面积的人工植被的耗水量相当于4个单位面积的天然植被耗水量，这意味着当总耗水量保持一定时，每扩大1个单位的人工植被面积就需要牺牲掉4个单位的天然植被面积。1个单位面积的城乡工矿及居民用地的耗水量相当于3.1个单位面积的天然植被耗水量，这意味着当总耗水量保持一定时，每扩大1个单位的城乡工矿及居民用地面积就需要牺牲掉3.1个单位的天然植被面积。1个单位面积的湿地水域的耗水量相当于6个单位面积的天然植被耗水量，这意味着当总耗水量保持一定时，每扩大1个单位的湿地水域就需要牺牲掉6个单位的天然植被面积。4.5个单位面积的未利用土地的耗水量相当于1个单位面积的天然植被耗水量，这意味着当总耗水量保持一定时，每扩大1个单位的天然植被面积就需要治理4.5个单位的未利用土地面积。以上分析结果对指导现实干旱区盆地开发利用具有重大的指导意义。

（4）对天然植被区内的分布为单一物种的植被区域所对应的覆盖度与*ET*进行提取，并将覆盖度分为0～20%、20%～40%、40%～60%、大于60%四个等级，分别统计天然植被区各单一物种在不同覆盖等级下的*ET*值。结果表明，所有的天然植被耗水量均随着覆盖度的增加而增加。当覆盖度小于40%时，骆驼刺为天然植被区内耗水量最大的物种，

但当覆盖度大于40%时，黑果枸杞反超骆驼刺成为耗水量最大的物种。骆驼刺的覆盖度从0～20%增大到60%以上时，耗水量一直处于较高水平，黑果枸杞的覆盖度从0～20%增大到60%以上时，耗水量明显增大，增幅为（263.2mm/a），芦苇的覆盖度从低于60%增大到60%以上时，耗水量显著增大。而通过个覆盖度植被的面积加权来统计整个区域的植被耗水量结果来看，骆驼刺是艾丁湖天然植被区内耗水量最大的物种，总体 ET 为123.9mm/a，其耗水量明显高于天然植被区内其他几个植被物种。

（5）1976—2017年期间，天然植被退化的主要原因：①地下水埋深逐渐加大，且由于地形原因受不到山区的地表水补充，天然植被的北边界线向南迁移而形成的；②因城乡工矿用地的扩张导致天然植被减少；③可能与白杨河或北部山区河流的洪水洪泛区或土壤含盐量有关。天然植被在2010—2017年期间扩张原因是退耕还草以及控制了地下水开发利用程度使得地下水位升高导致。

（6）在1976—2017年期间，西区植被区域轮廓范围在郭勒布依乡东侧、艾丁湖乡西侧的北边界线明显向内衰减，且迁移后的边界线与7m埋深线基本重合。典型植被衰退区域西1区在20世纪六七十年代有泉水出露，也有坎儿井，地下水从1976年的能够有泉水出露到2017年已经下降至埋深为7m，且衰退之后的天然植被边界线A处大致与地下水埋深7m等埋深线相重合，现状超过7m埋深线的以北方向为裸地，小于7m埋深线的以南方向分布有天然植被。

（7）本研究提出了地下水—包气带水补给天然植被的物理机制，只要潜水影响层与根系作用层相交，就会发生地下水补给植被。因此，潜水影响层与根系作用层只有保持接触，植被才能持续得到水分补给。如果地下水位下降导致二者脱离接触，则植被的水分供给中断。因此，维持地下水补给植被的条件就是要保证潜水影响层与根系层能够有交叉。当地下水埋深在一定范围内时，骆驼刺可以成活；但当地下水埋深超过一定范围内时，骆驼刺的根系只能靠吸收包气带储存的土壤水生存，随着地下水位的下降，包气带中的水分逐渐减少，因此骆驼刺可以吸收的水分越来越少，因此骆驼刺将逐渐衰退，无法自然更新，当包气带水全部被耗尽，骆驼刺将无法存活。

（8）由推求出的包气带剩余含水量还够维持不同覆盖度的天然植被继续生长的期限计算结果可知，当该典型区地下水埋深由现状6m下降至10m、15m、20m、25m时，包气带含水量将能够维持天然植被生存的期限越来越短，天然植被将逐渐衰退，当包气带水全部被耗尽，天然植被将无法存活。

（9）地下水对包气带的补充量与降水量之和即为包气带水补充量，计算可得出该典型区的地下水埋深从现状的6m下降突至10m时，包气带水补充量将由153mm变为112mm，可维持稳定的天然植被将由平均覆盖度在30%下降至20%，由于地下水埋深从6m突降到10m，有4m的包气带是接近于田间持水率的，将土深在6～10m范围的包气带含水量折算为以水层厚度表示的土壤含水量为1152mm，这部分含水量可以维持覆盖度30%的天然植被慢慢下降至20%一段时间，这段时间就是衰退滞后时间，由前表可知，以20%～30%覆盖度的天然植被蒸腾耗水量为72mm/a，则由此可估算，当本区地下水埋深由6m突然降至10m，则植被衰退滞后时间约为16年。随着地下水埋深的进一步逐渐增加，稳定覆盖率将继续下降，直到小于10%。

（10）经调查分析后认为，在本研究区，受到地表水和灌溉退水影响的区域和仅仅受地下水和降水影响的区域的生态地下水埋深和生态地下水位明显不同。受现状地表水补充的影响，天然植被也能存活在地下水埋深为10～50m范围内，根据卫星影片可以看出，这些区域的上游存在大量人工绿洲，且地表分布有许多河沟，为灌溉退水沟或上游山区洪水冲刷的冲沟。根据实地调查，结合植被的生理特征描述，考虑西区北部山区地表水的补充影响，将西区仅受地下水和降水影响区域的生态地下水埋深上限定为7m，中区与东区仅受地下水和降水影响区域的生态地下水埋深上限是6.76m。

（11）艾丁湖流域地下水超采现状和压采存在问题研究。艾丁湖流域（吐鲁番市境内）是新疆地下水超采比较严重的区域之一。多年来，许多区域地下水超采，导致了部分区域地下水位的持续下降，引发了部分坎儿井、泉水的枯竭，严重超采区生活及农业用水紧缺等诸多民生和生态环境问题。

2017年艾丁湖流域监测区总面积3442.8km^2，其中超采区面积3093km^2，占89.8%，其中一般超采区面积2558.1km^2，严重超采区面积为534.9km^2，为大型地下水超采区。

艾丁湖流域地下水压采存在问题主要有以下：

1）地下水超采问题依旧突出。艾丁湖流域近几年采取了一系列节水压采措施，取得了一定的成效，地下水超采率由2012年的174%下降为现状的125%，下降幅度显著，但是，仍属大型地下水超采区。

2）监控感知设施体系不完善。艾丁湖流域尚未实现地表水和地下水计量设施的全覆盖；缺少固定的生态监测站，缺少相应的遥感监测数据的深度分析应用，处理手段落后，不能对业务应用形成有效的数据支撑。

（12）艾丁湖流域地下水压采措施。针对艾丁湖流域地下水压采存在的问题，提出了艾丁湖流域可行的地下水压采措施，主要包括水源置换工程、渠道防渗改造、田间节水、完善取用水计量系统等。

（13）示范区确立。针对本专题行建立示范区费用不足的问题，研究当地政府地下水压采工作的实施状况，提出将艾丁湖镇西然木村两水统管区作为本项目示范区，解决了费用不足的问题。

（14）示范区基本情况及压采措施。示范区位于艾丁湖镇西然木村，灌溉面积为6589亩，区内现有机电井28座（包含农灌机电井24座），低压管道计量点22处，明渠计量点3处；主要种植作物有葡萄、高粱、果树、瓜类等，灌溉方式为滴灌等，水源为地表水和地下水。

该区域实施了两水统管，采取节水措施，建立了水量、水位监测设施，共投资329.8万元。示范区压采措施为两水统管、水源置换、渠道防渗、滴灌、用水科学计量等。

（15）示范区水量、水位监测。示范区建立了完善的地表水地下水计量设施，可以计量机电井出口、渠道斗渠出口的灌溉用水量，获得了从2016年至今的水量记录。

示范区28座机电井采用TDS-100系列插入式超声波流量计计量地下水用水量。采用3处明渠计量点和22处低压管道计量点计量地表水用水量。在示范区西北角建有地下水位监测井，为SL008艾丁湖镇干店村监测井。用水量和水位监测、传输、储存自动化。

（16）示范区节水压采效果。

1）示范区地下水从超采状态转变为非超采状态，地下水上升。示范区2017年采取了压采措施。采用水均衡法分析压采效果，结果表明示范区从2016年的地下水超采21万m^3，到2018—2020年的补给大于排泄的状态，解决了该区域地下水超采问题。

2）地下水水位上升。干店村监测井监测数据表明从2017年以后地下水位回升；2019年1月1日至7月10日地下水平均埋深较2017年同期值地下水平均埋深减小了2.91m；2020年6月3日至7月27日地下水平均埋深较2017年同期值地下水平均埋深减小了5.82m；2018年11月25日至12月31日地下水平均埋深较2016年同期值地下水平均埋深减小了0.07m。

3）应急供水能力提升17.3%。示范前压采措施实施后，2019年1月1日至7月10日地下水平均埋深12.20m较2017年同期值15.10m减小了2.91m，示范后储量增加率10.7%；2020年6月3日至7月27日地下水平均埋深19.78m较2017年同期值25.60m减小了5.82m，示范后储量增加率40.2%。考虑两个时段的时间长度，按照时间长度加权平均得到总体储量提高率为17.3%，也就是提高示范区地下水应急供水能力17.3%。

4）利用效率提升11.9%。示范区单位地下水可支撑灌溉面积由2016年的17.4亩/万m^3提高至2019年的19.5亩/万m^3，地下水利用率提升11.9%。

示范区灌溉渠系水利用系数由2016年的0.82提高至2018—2020年的0.90，渠系水利用效率提升了10%；亩均灌溉用水量下降65m^3，节水投资0.96元/m^3，区域内农作物未减产。

（17）示范区生态地下水位预警管理模式研究。从水循环及其生态效应角度出发，将自然绿洲区保护和人工绿洲区地下水位控制相结合，分别提出了人工绿洲区和自然绿洲区生态地下水位预警方案。

1）示范区生态地下水位预警管理。示范区现状向西侧自然植被区补给地下水，研究设置生态地下水位，探索人工绿洲区与自然植被区之间的地下水位关系，以不影响西侧自然植被区地下水位为目标，指定示范区地下水位管理目标，确定示范区蓝线、黄线、红线管理模式。

蓝线管理：监测井非灌溉期2月11—20日地下水埋深$H_{i非灌溉期} \leqslant H_{i均}$或灌溉期7月1日至8月31日地下水埋深$H_{i灌溉期} \leqslant H_{maxi平均}$时，示范区灌溉期（3—10月）按现状开采方案进行开采；

黄线管理：①非灌溉期2月11—20日地下水埋深$H_{i非灌溉期}$满足$H_{i均} < H_{i非灌溉期} \leqslant H_{maxi}$条件时，本年灌溉期需对示范区地下水进行控制性开采，减少示范区地下水开采量5%，相应增大地表水灌溉用水量；②灌溉期7月1日至8月31日地下水埋深$H_{i灌溉期}$满足$H_{maxi平均} < H_{i灌溉期} \leqslant H_{max}$条件时，为预警期，若示范区地下水位继续下降，则开始实施控制性开采；地下水埋深$H_{i灌溉期}$满足$H_{maxi平均} - 1m < H_{i灌溉期} \leqslant H_{maxi}$条件时，减少示范区地下水开采量10%，相应增大地表水灌溉用水量。

红线管理：非灌溉期2月11—20日地下水埋深$H_{i非灌溉期}$满足$H_{i非灌溉期} > H_{maxi}$条件时或灌溉期7月1日至8月31日地下水埋深$H_{灌溉期i}$满足$H_{灌溉期i} > H_{maxi}$条件时，减少示范区50%地下水开采，相应增大地表水灌溉用水量。

2）示范区西侧天然植被区生态地下水位预警管理。

蓝线管理：当示范区西侧天然植被区地下水最大埋深小于5.5m时，地下水埋深处于蓝线状态，为无警。保持现状开采方式，维持现状地下水埋深状态。

黄线管理：当示范区西侧天然植被区地下水最大埋深为5.5～7m时，地下水埋深处于黄线状态，为中度警示。保持动态开采，当地下水埋深较现状值上升时，减少地下水开采量；当地下水埋深保持不变时，维持现有地下水开采量不变；当地下水埋深较现状值增加时，可适当增加地下水开采量。

红线管理：当示范区西侧天然植被区地下水最大埋深大于7m的区域，地下水埋深处于红线状态，为重度警示。进行人工治理干预，以保护生态环境。减少地下水开采量或不再使用地下水，以促使此区域地下水埋深的快速回升。

参 考 文 献

阿不力米提·阿不力克木，周京武，2014. 新疆吐鲁番盆地地表径流特征. 冰川冻土，36（3）：717-723.

阿不都沙拉木·加拉力丁，师芸宏，2015. 吐鲁番地区地下水资源状况分析. 中国农村水利水电（11）：55-58，64.

阿布都卡依木·艾海提，阿不都沙拉木·加拉力丁，阿不都克依木·阿布里孜，等，2017. 吐鲁番盆地地下水埋深的时空变异特征. 人民黄河（5）：60-63.

阿依姑丽·托合提，2013. 基于CHANS的吐鲁番艾丁湖水面积的动态变化及其驱动力分析. 乌鲁木齐：新疆大学.

阿依加马力·克然木，努尔巴衣·阿布都沙力克，2014. 近52年新疆吐鲁番市气温及降水量变化特征分析. 干旱区资源与环境，28（12）：45-50.

阿孜古丽·卡哈尔，阿不力克木·阿不力孜，2003. 新疆水面蒸发量折算系数及时空分布分析［G］//中国水利学会，中国水利学会2003学术年会. 北京：中国水利水电出版社.

安会静，刘鑫杨，胡浩，2020. 华北地区地下水超采综合治理措施与成效浅析——以2019年度河北省地下水超采综合治理为例. 海河水利（6）：4-5，8.

曹国亮，李天辰，陆垂裕，等，2020. 干旱区季节性湖泊面积动态变化及蒸发量——以艾丁湖为例. 干旱区研究，37（5）：1095-1104.

陈立，刘亮，张明江，2019. 艾丁湖流域植被与地下水埋深关系分析. 地下水（4）：37-39.

陈鲁. 2014. 吐鲁番盆地区域水文地质条件及地下水循环研究. 北京：中国地质大学.

陈鲁，王艳伟，刘娟，等，2017. 基于GMS的吐鲁番盆地地下水资源量模拟预测. 干旱区研究，34（4）：727-732.

陈敏建，张秋霞，汪勇，等，2019. 西辽河平原地下水补给植被的临界埋深. 水科学进展30（1）：24-33. doi：10.14042/j.cnki.32.1309.2019.01.003.

陈永金，李卫红，刘加珍，等，2008. 塔里木河干流中游输水堤防对生态保育的影响. 干旱区研究（4）：550-555.

褚敏，徐志侠，王海军，2020. 艾丁湖流域地下水超采综合治理效果与建议. 水资源开发与管理（12）：9-13.

邓铭江，2009. 新疆地下水资源开发利用现状及潜力分析. 干旱区地理，32（5）：647-654.

杜青辉，宋全香，2021. 河南省地下水超采状况及治理措施研究. 水资源开发与管理（1）：33-37.

杜晨，徐嘉璐，陈莹，2020. 山东省地下水超采区治理效果与建议. 中国水利（1）：30-32.

高爽，唐蕴，王海玲，等，2015. 内蒙古松辽流域地下水功能区划分研究. 中国水利水电科学研究院学报，13（2）：117-123.

高建芳，骆光晓，2009. 气候变化对新疆哈密地区河川径流的影响分析. 冰川冻土，31（4）：748-758.

葛洪燕，马静秋，2014. 新疆吐鲁番近32年蒸发量变化特征及影响因子分析. 青海气象，3（3）：14-18.

古丽娜，2012. 鄯善县水资源利用现状及对策初议. 中国农村水利水电（10）：65-67.

古丽菲娅·吾斯曼，2015. 吐鲁番坎儿井衰减与保护探析. 陕西水利（S1）：150-151.

郭占荣. 刘花台，2005. 西北内陆盆地天然植被的地下水生态埋深. 干旱区资源与环境. 19（3）：157-161.

胡萍，曹林霞，陈勇，2016. 喀什地区农业现代高效节水示范项目的实践与探索. 新疆农垦科技，39 (7)：56-58.
黄金廷，2013. 半干旱区蒸散发对地下水变化响应机制研究. 博士学位论文. 西安：长安大学.
胡腾腾，吴彬，2016. 吐鲁番市地下水埋深及水位时空变化规律研究. 节水灌溉 (4)：69-74.
贾利民，郭中小，龙胤慧，等，2015. 干旱区地下水生态水位研究进展. 生态科学，34 (2)：187-193.
金启宏，1995. 疏叶骆驼刺种群性质与植物群落演替. 植物生态，19 (3)：255-260.
金启宏，1996. K、Na、Ca、Mg 4 种元素在疏叶骆驼刺体内含量分布特点的研究. 植物生态学报，20 (1)：80-84.
Khafagi A A F，1995. The taxonomic significance of seed protein in some Fabaceae species in Egypt. Annals of Agricultural Science，Cairo，40 (1)：1-10.
郎磊，李巍仑，万齐，2020. 德州市地下水超采综合治理问题与建议. 山东水利 (4)：50-51.
李超，2019. 河北衡水地下水压采效果分析及其过程化评价研究. 西安：西安理工大学.
李从娟，马健，李彦，2009. 五种沙生植物根际土壤的盐分状况. 生态学报，29 (9)：4649-4655.
李向义，林丽莎，赵强，2009. 策勒绿洲外围不同地下水埋深下主要优势植物的分布和群落特征. 干旱区地理，32 (6)：906-911.
刘波，曾凡江，郭海峰，2009. 骆驼刺幼苗生长特性对不同地下水埋深的响应. 生态学杂志，28 (2)：237-242.
李向义，张希明，何兴元，等，2004. 沙漠-绿洲过渡带四种多年生植物水分关系特征. 生态学报，24 (6)：1164-1171.
李森，程艳，2018. 哈密伊州区地下水压采机制. 新疆环境保护，40 (1)：38-41.
李英连，2017. 吐鲁番盆地地下水超采区综合治理研究. 乌鲁木齐：新疆农业大学.
连会青，武强，王秉忱，2006. 吐鲁番绿洲区地下水开采条件下生态效应分析. 工程勘察 (7)：23-26.
梁珂，徐志侠，王海军，等，2021. 艾丁湖区域地下水资源变化对旱生植被覆盖度的影响. 水电能源科学，39 (2)：27-30.
刘亮，任世昌，薛挺，等，2020. 基于 Shannon-Wiener 指数的艾丁湖流域植被分布及物种多样性研究. 地下水，42 (4)：120-123.
刘亮，褚宏宽，刘振荣，2015. 吐鲁番盆地地下水水化学特征及其演化规律. 中国水运（下半月），15 (1)：187-188.
L Breiman，2001. Random Foreests. Machine Learning，45 (1)：5-32.
毛宏远，2020. 河南省地下水超采区综合治理分析. 河南水利与南水北调，49 (8)：32-33.
梅莉，王政权，韩有志，等，2006. 水曲柳根系生物量、比根长和根长密度的分布格局. 应用生态学报，17 (1)：1-4.
马帅，2019. 天津市平原区地下水压采方案及修复效果研究. 天津：天津农学院.
马媛，2012. 西北沙漠湖盆区毛细水上升特性及其植物生态学意义——以乌兰布和沙漠吉兰泰湖盆区为例. 西安：长安大学.
倪剑，2018. 新疆吐鲁番盆地地下水动态特征及开发利用状况评价. 地下水，40 (3)：56-57.
庞忠和，2014. 新疆水循环变化机理与水资源调蓄. 第四纪研究，34 (5)：907-917.
祁晨，2008. RS_GIS 技术支持下的近 35a 艾丁湖演变研究. 乌鲁木齐：新疆师范大学.
单立山，张希明，花永辉，等，2007. 塔克拉玛干沙漠腹地梭梭幼苗根系分布特征对不同灌溉量的响应. 植物生态学报，31 (5)：769-776.
商佐，唐蕴，杨姗姗，2020. 近 30 年吐鲁番盆地地下水动态特征及影响因素分析. 中国水利水电科学研究院学报，18 (3)：192-203.
宋郁冬，樊自力，雷志栋，等，2000. 中国塔里木河水资源与生态问题研究. 乌鲁木齐：新疆人民出版社.

Stefan K Arndt, Ansgar Kahmen, Christina Arampatsis, et al., 2004. Nitrogen fixation and metabolism by groundwater - dependent perennial plants in a hyperarid desert. Otcologia, 141: 385 - 394.

ST Gower, KA Vogt, CC Grier, 1992. Carbon Dynamics of Rocky Mountain Douglas - Fir: Influence of Water and Nutrient Availability. Ecological Monographs, 62 (1): 43 - 65.

唐蕴，王研，唐克旺，2017. 吐鲁番市浅层地下水功能区划分. 水资源保护，33 (2)：16 - 21，78.

王秋香，刘卫平，刘叶，等，2016. 吐鲁番气象站迁移前后资料的差异分析. 干旱区地理，39 (1)：22 - 32.

王亚俊，吴素芬，2003. 新疆吐鲁番盆地艾丁湖的环境变化. 冰川冻土，25 (2)：229 - 231.

王冰，2015. 艾丁湖生态需水研究. 中国水利水电科学研究院.

王芳，梁瑞驹，杨小柳，等，2002. 中国西北地区生态需水研究 (1) ——干旱半干旱地区生态需水理论分析. 自然资源学报，17 (1)：1 - 8.

王微，李丽玮，侯爽，2018. 河北省地下水超采综合治理的做法与经验. 河北水利 (12)：26 - 27.

万力，曹文炳，胡伏生，等，2005. 生态水文地质学. 北京：地质出版社.

夏继红，孟晓宇，2017. 德州市地下水压采措施探讨. 水利发展研究.

谢新民，柴福鑫，颜勇，等，2007. 地下水控制性关键水位研究初探. 地下水，29 (6)：47 - 50.

徐伟伟，2017. 吐鲁番市艾丁湖生态保护治理对策研究. 建筑科技与管理学术交流会论文集.《建筑科技与管理》组委会：北京恒盛博雅国际文化交流中心.

杨朝晖，谢新民，王浩，等，2017. 面向干旱区湖泊保护的水资源配置思路——以艾丁湖流域为例. 水利水电技术，48 (11)：31 - 35.

杨发相，穆桂金，赵兴有，1996. 艾丁湖萎缩与湖区环境变化分析. 干旱区地理，19 (1)：73 - 77.

杨培岭，罗远培，石元普，1993. 土壤—植物系统的水分传输. 北京农业大学学报，19 (2)：25 - 30.

杨戈，李银芳，1992. 从解剖学特征看骆驼刺属植物的生态类型. 干旱区研究，9 (4)：21 - 25.

叶朝霞，陈亚宁，张淑花，2017. 不同情景下干旱区尾间湖泊生态水位与需水研究——以黑河下游东居延海为例. 干旱区地理，40 (5)：951 - 957.

尹华峰，2018. 博兴县地下水超采综合整治措施. 山东水利 (7)：7 - 8.

玉山江·阿布都肉苏力，2019. 基于改进积分型 Richards 方程的新疆喀什地区地下水开采影响评估研究. 地下水，41 (2)：52 - 53，61.

赵可夫，李法曾，樊守金，等，1999. 中国的盐生植物. 植物学通报，16 (3)：201 - 207.

赵生龙，曾凡江，张波，等，2016. 盐分胁迫对骆驼刺幼苗叶片性状的影响. 草业科学，33 (9)：1770 - 1778.

赵力强，张律吕，王乃昂，等，2018. 巴丹吉林沙漠湖泊形态初步研究. 干旱区研究，35 (5)：1001 - 1011.

赵海卿，2012. 吉林西部平原区地下水生态水位及水量调控研究. 北京：中国地质大学.

赵文智，2002. 黑河流域植被生态需水和生态地下水位研究. 中国科学院寒区旱区环境与工程研究所.

张长春，邵景力，李慈君，等，2003. 华北平原地下水生态环境水位研究. 吉林大学学报：地球科学版，33 (3)：323 - 326.

张晓，董宏志，2017. 吐鲁番盆地平原区地下水潜力评价. 地下水，39 (2)：18 - 20，26.

张光辉，聂振龙，申建梅，等，2009. 地下水功能评价体系属性层组成与意义. 水文地质工程地质，36 (5)：61 - 65.

张光辉，杨丽芝，聂振龙，等，2009. 华北平原地下水的功能特征与功能评价. 资源科学，31 (3)：368 - 374.

张飞，王娟，塔西甫拉提·特依拜，等，2015. 1998—2013 年新疆艾比湖湖面时空动态变化及其驱动机制. 生态学报，35 (9)：2848 - 2859.

张明江，刘娟，刘新新，等，2013. 新疆东疆地区煤炭基地地下水勘查吐鲁番盆地地下水勘查报告. 乌鲁木齐：新疆地矿局第一水文工程地质大队.

张明江，霍传英，2015. 吐鲁番盆地第四系地下水动力场的演变特征分析. 新疆有色金属，38 (1)：10－15.

张明江，苏明磊，胡伏生，等，2016. 吐鲁番盆地典型剖面的地下水径流特征. 新疆地质，34 (3)：418－422.

张立运，买买提，安尼瓦尔，等，1995. 夏季灌溉对骆驼刺形态学特征、群落生态结构和天然更新的影响. 干旱区研究，12 (4)：34－40.

张立运，2003. 疏叶骆驼刺的生态生物学拾零. 植物杂志 (1)：8－9.

曾凡江，Andrea Foetzki，李向义，等，2002. 策勒绿洲多枝柽柳灌溉前后水分生理指标变化的初步研究. 应用生态学报，13 (7)：849－853.

曾凡江，郭海峰，刘波，等，2009. 疏叶骆驼刺幼苗根系生态学特性对水分处理的响应. 干旱区研究，26 (6)：852－858.

曾凡江，郭海峰，刘波，等，2010. 多枝柽柳和疏叶骆驼刺幼苗生物量分配及根系分布特征. 干旱区地理，33 (1)：59－64.

曾凡江，鲁艳，郭海峰，等，2012. 骆驼刺幼苗在不同灌溉处理下的根系的生态特性. 俄罗斯生态学杂志，43 (3)：196－203.

郑丹，李卫红，陈亚鹏，等，2005. 干旱区地下水与天然植被关系研究综述. 资源科学 (4)：160－167.

周洪华，李卫红，木巴热克·阿尤普，等，2012. 荒漠河岸林植物木质部导水与栓塞特征及其对干旱胁迫的响应. 植物生态学报，36 (1)：19－29.

周在明，张光辉，王金哲，2010. 干旱半干旱地下水浅埋区水盐运移研究进展. 安徽农业科学，38 (33)：18930－18932，18972.

周蕾，2021. 吐鲁番市地下水超采现状评价与治理措施探究. 陕西水利 (1)：58－60.

朱永华，仵彦卿，2003. 干旱荒漠区植物骆驼刺的耗水规律. 水土保持通报，23 (4)：43－45，65.

朱刚，高会军，曾光，2015. 近 35a 来新疆干旱区湖泊变化及原因分析. 干旱区地理，38 (1)：103－110.

Zaharn H H，1998. Structure of root nodules and nitrogen fixation in Egyptian wild herb legumes. Biologia Plantarum，41 (4)：575－585.

Zaletaev V S，Korshunova V S，Dikareva T V，1996. Soil amd vegetation complexes of drained areas of the Tedjen Reservoir. Problems of Desert Development，6：8－14.